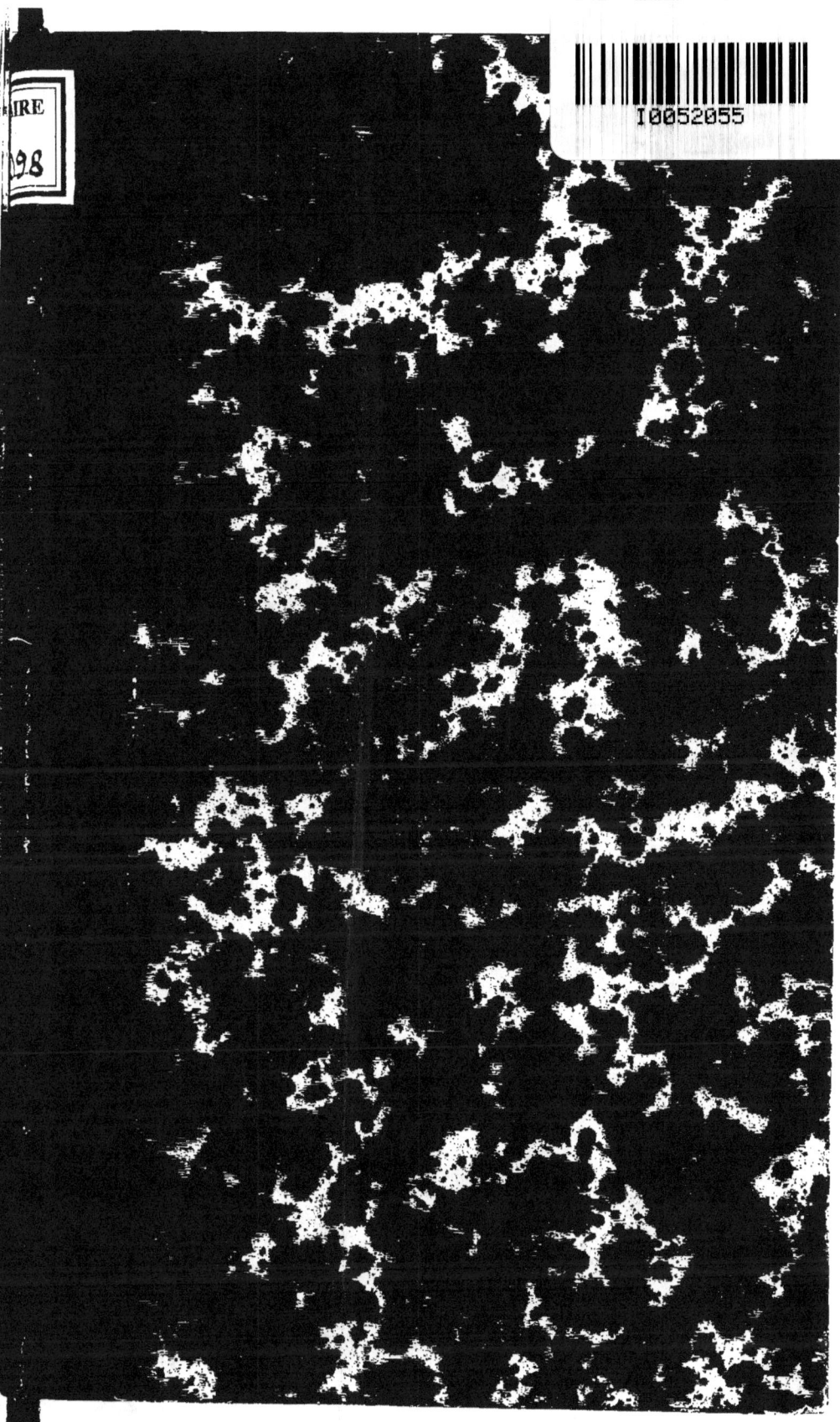

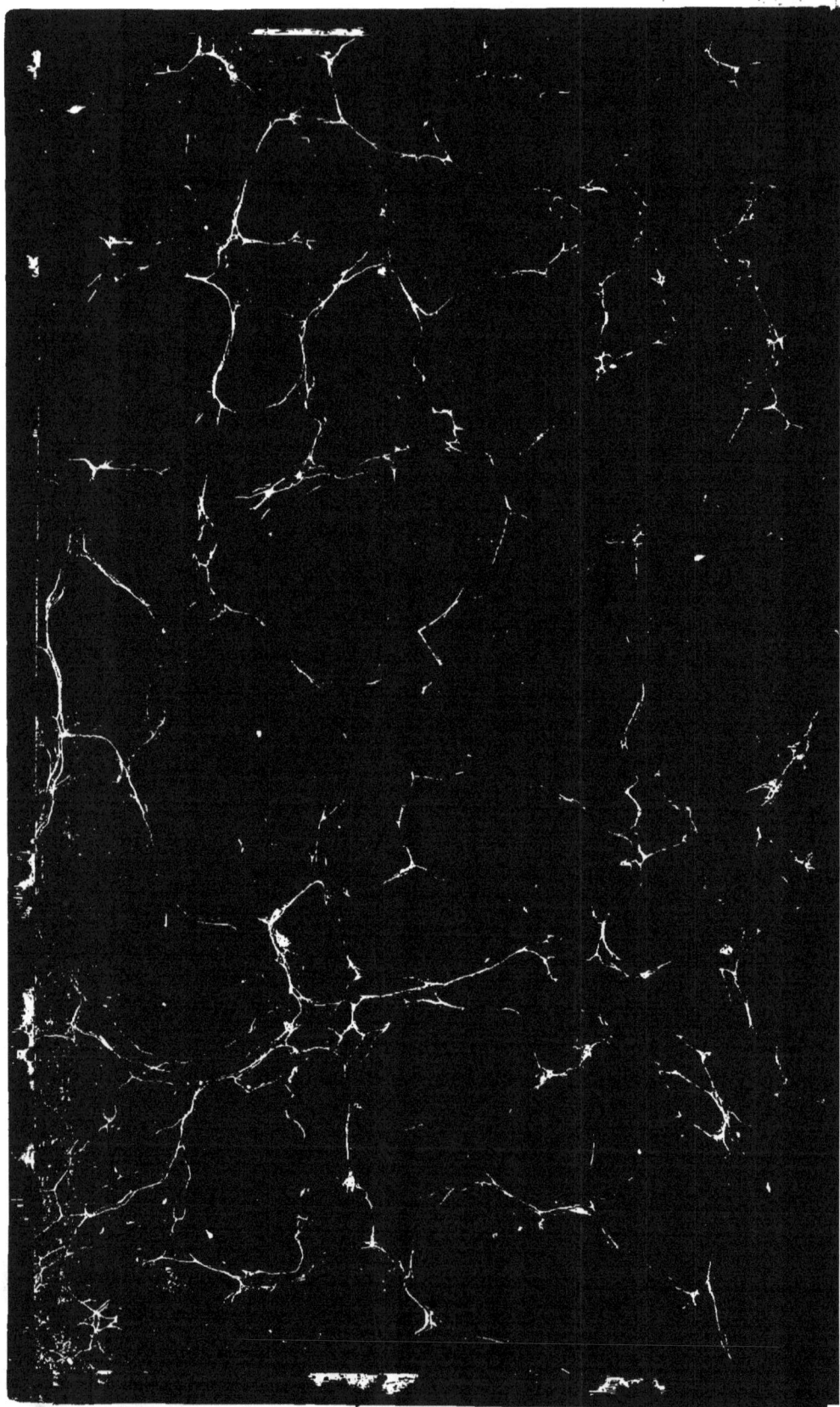

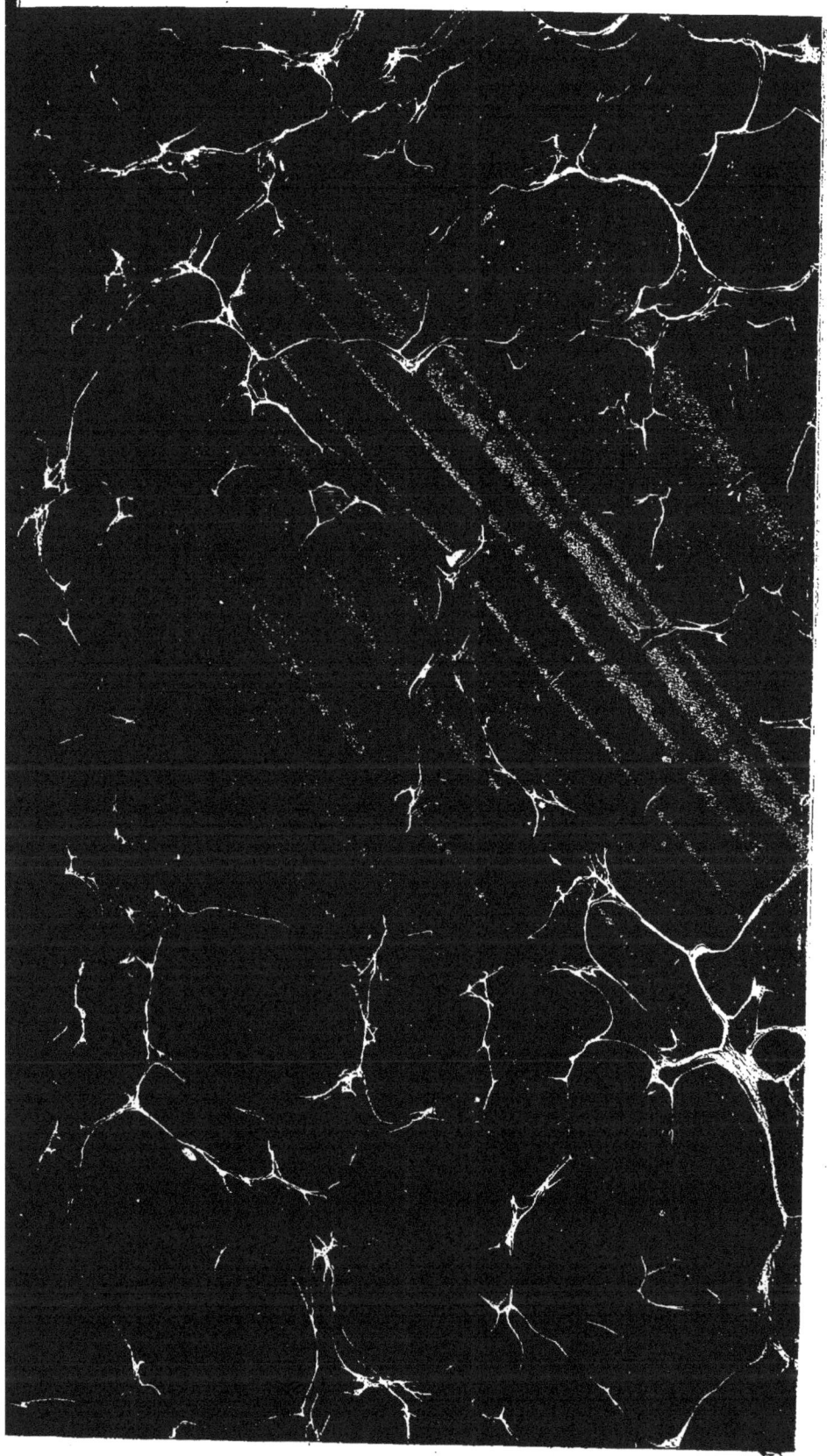

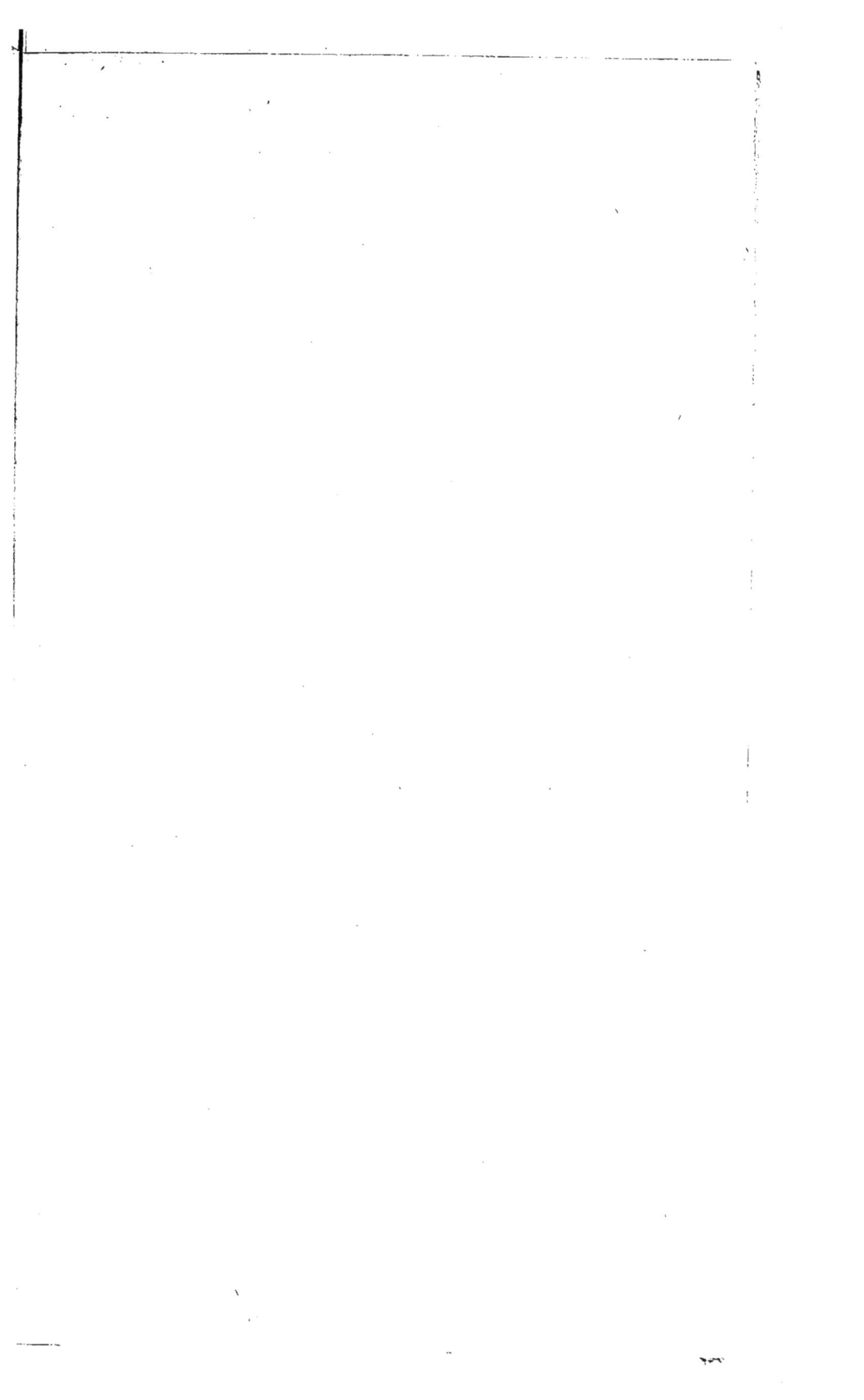

V

MÉMOIRE

SUR

UN PROJET DE CHEMIN DE FER

DE RODEZ A LA GARONNE

PAR CAHORS,

PRÉCÉDÉ D'OBSERVATIONS SUR LES ÉTUDES DU PROLONGEMENT DE LA LIGNE
DU CENTRE A PARTIR DE LIMOGES ,

PAR M. J.-M. BERTON AÎNÉ,

Ancien Avocat au conseil d'État,
Délégué de la Société centrale et industrielle du Lot
Au congrès agricole de Paris.

PARIS.

IMPRIMERIE DE Vᶜ DONDEY-DUPRE,

RUE SAINT-LOUIS, 46, AU MARAIS.

—

1845

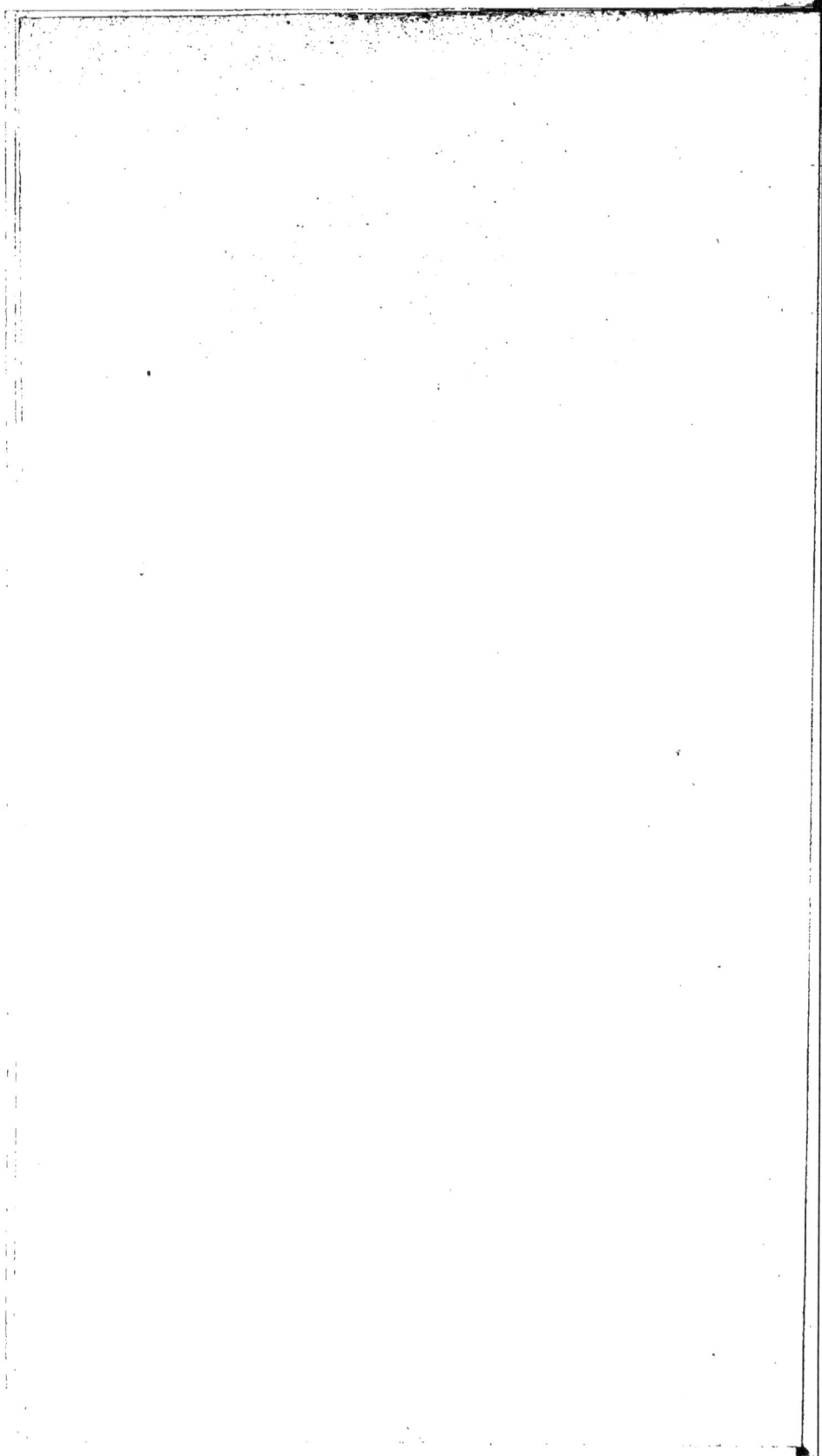

AVANT-PROPOS.

Le prolongement de la ligne de fer de Paris au centre jusqu'à Toulouse a été mis à l'étude par M. le ministre des travaux publics. Ils en est résulté d'excellents rapports de M. l'ingénieur en chef Colomès, et la preuve des grandes difficultés que rencontrera l'exécution.

En attendant que le gouvernement se décide à proposer ce prolongement, il vient de donner satisfaction à Montauban et à Toulouse en proposant la ligne de Bordeaux à la Méditerranée par la rive gauche de la Garonne jusqu'à la Réole, et par la rive droite jusqu'à la rencontre du canal du Midi.

Par l'effet d'une topographie providentielle, le Rouergue et le Quercy se lient au bassin de la Garonne par le chaînon qui, en partant de la Lozère, s'aplanit jusqu'aux portes d'Agen, et dont une branche ouvre jusqu'à Cahors une vallée à laquelle une autre vient s'unir à l'ouest, séparée par un étroit contrefort de l'un des affluents de la Garonne; une autre vallée s'ouvrant également aux portes de Cahors se ferme sur un rempart de roche calcaire qu'il s'agirait de percer pour entrer dans la vallée du Lot sur le point où elle est le plus accessible à des rails.

J'ai cru me rendre utile à mon pays en proposant à la fois aux conseils généraux des départements situés entre la Lozère et la Garonne d'émettre dans leur session de 1845 le vœu d'une ligne de fer partant de Rodez, et allant aboutir soit à Valence et à Malauze, soit aux portes d'Agen, soit au confluent de la Ledat au-dessous de Tonneins (1).

Je n'ai point l'honneur d'appartenir au corps royal des ponts et chaussées ; toutefois, dans l'exercice de ma profession d'avocat aux conseils du roi, j'ai eu sous les yeux assez de devis et de détails estimatifs d'entreprises de travaux publics, et je connais assez le terrain dont il s'agit, pour être intimement convaincu que, sur la ligne que je propose, la dépense des terrassements et travaux d'art sera de beaucoup de inférieure à celle de la ligne de Limoges à Valence, ou à la Française.

(1) Dans la carte jointe à ce mémoire j'ai marqué d'une double ligne pointée les variantes à étudier.

Je me suis attaché avant tout à faire, sinon le compte exact des voyageurs appelés sur cette ligne, du moins le dénombrement des populations situées sur le parcours, ou dans son rayon d'attraction, à dresser, sinon le tableau du tonnage de toutes les marchandises qu'elle doit transporter, du moins une série d'observations puisées dans les statistiques officielles sur le mouvement réciproque des produits agricoles, minéraux, manufacturés, denrées coloniales, etc., entre ces diverses contrés d'une part, Toulouse et Bordeaux de l'autre.

Enfin j'ai montré que si cette ligne remplaçait le prolongement de Limoges, elle serait alimentée par tous les rapports existants entre Paris d'une part et de l'autre le département du Lot et une partie de celui de l'Aveyron et du Tarn-et-Garonne.

Je n'ai pas eu la prétention de provoquer des vœux, dont les conseils généraux auraient pris l'initiative indépendamment de mon faible concours. J'ai voulu, dans une question urgente, recueillir mes observations, mes souvenirs, et, la carte de Cassini sous les yeux, causer avec eux de ce qui me semble utile et praticable. Les études topographiques faites sur place par les gens de l'art, par les missionnaires du génie civil et les enquêtes statistiques officielles, complèteront une ébauche imparfaite. La compagnie qui soumissionnera la ligne de Bordeaux à Cette y trouvera peut-être un encouragement à compléter elle-même sa magnifique entreprise par un embranchement qui lui est indispensable.

A l'occasion du mouvement des produits minéraux du bassin d'Aubin, j'ai été amené à parler des travaux de la canalisation du Lot. J'ai montré quelles mesures préservatrices ils devaient amener dans l'intérêt des propriétés riveraines et de l'agriculture.

Je n'ai pas voulu commencer ce mémoire sans défendre le prolongement de la ligne de Limoges, au point de vue du mouvement des personnes et des choses sur son parcours, mais aussi sans examiner les difficultés et les dépenses de ce tracé. Quelques jours d'illusion peuvent coûter cher quand ils laissent s'envoler l'occasion favorable d'obtenir des réalités plus modestes peut-être, mais tout aussi avantageuses.

MÉMOIRE

SUR UN CHEMIN DE FER

DE

RODEZ A LA GARONNE PAR CAHORS.

CHAPITRE PREMIER.

De la ligne de fer de Paris au centre de la France. — Conditions indi-
quées par M. le ministre des travaux publics pour son prolongement de Limoges à Toulouse, en présence de la ligne de Toulouse
à Bordeaux.

La France, suivant l'exemple des nations voisines,
vient d'imprimer une impulsion nouvelle aux entreprises des chemins de fer. Ce moyen de communication
si rapide, si éminemment civilisateur, va rapprocher
des frontières opposées et les rattacher plus intimement à la capitale.

L'industrie métallurgique et l'exploitation des houillères avaient fait les premiers pas dans cette voie, de
Lyon et de Roanne à Saint-Étienne, d'Alais à Nîmes et à Beaucaire; le commerce d'exportations l'a

1

imitée de Montpellier à Cette ; une spéculation hardie
en a fait autant de Bordeaux à la Teste.

Plus tard, le gouvernement s'est emparé de l'initiative, et il a fait tout ce que les rivalités d'intérêts lo-
caux et de spéculations financières pouvaient lui permettre.

Dès 1838 il s'était préoccupé d'un vaste réseau, ou
plutôt d'un long rayonnement, de Paris considéré
comme la tête et le cœur du royaume, sur les points
principaux de la circonférence.

En 1842, il restreignit son système. Le rayonnement de Paris vers le midi central resta ainsi formulé :
De Paris sur le centre de la France par Bourges (Loi
du 17 juin 1842, relative à l'établissement des grandes
lignes, art. 1er, § 1er). Le § 2 de cette loi, sur la
proposition de M. Janvier, député de Montauban,
ajouta une ligne à celles qui venaient d'être décrétées;
c'est celle de l'Océan sur la Méditerranée, par Bordeaux, Toulouse et Marseille. Cette ligne comprend
dans son parcours les départements de Lot-et-Garonne
et de Tarn-et-Garonne, qu'elle traverse, touchant
Agen, Moissac et Montauban.

En 1844, de nouvelles études faites sur deux directions, l'une au delà de Bourges, l'autre au sud de
Vierzon, ont amené le gouvernement à proposer la loi
du 31 juillet 1844, dont le premier article est ainsi
conçu : « Le chemin de fer de Paris sur le centre de
la France, classé par l'article 1er de la loi du 11 juin
1842, sera prolongé d'une part de Vierzon sur Châteauroux et Limoges, et d'autre part de Bourges sur
Clermont. »

La loi autorise le ministre des travaux publics à comprendre les deux parties du chemin de fer, l'une jusqu'à Châteauroux et l'autre jusqu'au confluent de l'Allier et de la Loire, dans un seul et même bail avec le chemin de fer d'Orléans à Vierzon.

D'après l'économie de cette loi, il ne nous paraît pas que le législateur se soit vivement préoccupé d'un prolongement ultérieur au delà de Limoges.

Cependant des études avaient été faites au sud de Limoges jusqu'aux portes de Montauban, par M. l'ingénieur en chef Colomès. Son savant rapport du 18 mai 1844, à M. le sous-secrétaire d'état des travaux publics, avait résumé ces études et posé les bases de son devis pour l'un des deux tracés, celui qui, par Castelfranc, aboutit à Valence : cette direction, qui s'écarte de Cahors de 20 kilomètres, était signalée par lui comme la moins onéreuse et la plus courte.

Tel était l'état de la question, lorsque la loi du 31 juillet 1844 fut présentée aux chambres. M. le ministre des travaux publics, après avoir dit dans l'exposé des motifs que Clermont sera nécessairement le terme de l'une des ramifications proposées par le projet de loi, ajoute : « Quant à l'autre, nous ne savons pas » encore s'il y aura lieu de l'étendre au delà de Li- » moges; nous attendrons, pour statuer sur cette ques- » tion, les résultats des études entreprises et peut- » être aussi les progrès de l'art. »

Dans le cours de la discussion, M. le ministre des travaux publics, répondant à M. Boudousquié, député du Lot, qui lui demandait quelle était à ce sujet l'intention du gouvernement, disait : « Si l'honorable préo-

pinant a jeté les yeux sur le compte rendu de l'administration des ponts et chaussées, il a pu voir avec quel
soin la ligne de Limoges à Toulouse est étudiée, et
combien nous nous sommes occupés de rechercher s'il
est possible, *en rencontrant des populations suffisantes
pour alimenter un chemin de fer, et en suivant un tracé
convenable*, s'il est possible, dis-je, d'aller de Limoges
à Toulouse. L'exposé des motifs renferme aussi à cet
égard les mêmes réserves. Dans cet état de choses, il ne
m'est pas possible de dire que l'intention du gouvernement est de prolonger la ligne de Limoges à Toulouse;
mais je puis lui dire que l'intention contraire n'est pas
non plus arrêtée. »

Pourquoi M. le ministre des travaux publics a-t-il
énoncé comme une des conditions de la solution du
problème celle de *rencontrer* des populations suffisantes pour alimenter un chemin de fer? C'est parce
que du moment où Toulouse, Montauban, Moissac,
Agen, ont leur chemin de fer vers Paris par Bordeaux,
il s'agit de rencontrer en effet, entre Limoges et Montauban, des populations utiles, au lieu de les accepter telles
que les fournissent les deux points extrêmes de la ligne.

Le vague de cette expression est peu rassurant. Ce
n'est pas en effet le chiffre seul de la population végé-
tant sur le parcours d'un chemin de fer qui lui offre
des chances de prospérité; c'est la population éclairée,
industrieuse, celle dont les produits agricoles ou manufacturés excèdent la consommation locale, c'est en
un mot la combinaison de la masse des produits, du
mouvement des affaires et du chiffre de la population
qui y prend part.

Le mouvement des marchandises est l'objet principal d'une ligne de fer placée dans les conditions topographiques de celle de Limoges à Toulouse, c'est-à-dire condamnée à traverser constamment les voies navigables et à ne suivre que des vallées de ruisseau. C'est ce mouvement qu'il importe d'étudier, surtout en présence d'une ligne rivale, celle de Paris à Bordeaux prolongée jusqu'à Toulouse.

CHAPITRE II.

Du mouvement entre Limoges et Montauban. — Populations, affaires, produits respectifs à échanger entre les stations intermédiaires. — De l'exportation par terre des vins du Quercy. — Quels échanges à faire entre le Midi central et Paris par Limoges, plutôt que par Bordeaux. — De l'intérêt stratégique des *rails*. — Des difficultés du tracé par Cahors.

Deux diligences par jour partent des messageries royales ou générales de Paris à Limoges ; mais l'une va de cette dernière ville à Bordeaux, l'autre continue sur Toulouse, avec un chargement inférieur en voyageurs et en colis à celui qu'elle avait en y arrivant. La malle-poste jusqu'à Limoges a quatre places, de là à Toulouse elle n'en a plus que deux. Cahors a deux diligences particulières sur Montauban, l'une par Caussade, l'autre par Montpezat et Molières ; elle n'en a aucune sur Brives ni sur Limoges. Enfin il n'y a point de diligence spéciale de cette ville à Toulouse. Quant au roulage limousin, son activité se divise entre Paris, Poitiers, Angoulême, Périgueux Toulouse et Clermont. Ce n'est pas d'ailleurs le nombre des entrepreneurs de roulage, c'est l'importance de leurs chargements qu'il faudrait consulter. Quoi qu'il en soit, le mouvement des personnes de Paris à Toulouse, dans les voitures publiques, diminue sensiblement au delà de Limoges, sur la route royale n° 20.

Ceci ne vient point de ce que les relations entre Toulouse et Paris sont peu importantes, mais de ce que de Toulouse à Paris il y a deux routes, dont une par

Bordeaux. Il ne suffit donc pas de constater le chiffre de la population du Midi central, dans le cercle d'attraction de sa capitale, pour en conclure qu'elle alimentera nécessairement le chemin de fer que nous sollicitons ; il faut examiner si ce chemin rencontrera, à partir de Limoges, des populations et des relations commerciales intermédiaires placées dans des conditions qui fassent pencher la balance en sa faveur.

Procédons par ordre :

Les cantons échelonnés depuis Limoges jusques à la Dordogne sous Grolejac sont peuplés comme il suit :

Pierre-Buffières compte 8,872 habitants, Uzerches 13,633 ; mais Uzerches est rejeté de plusieurs kilomètres à l'est du tracé de M. Colomès, ainsi que Brives et Tulle. La ligne incline vers le haut Vezère, où l'on trouve en échange le canton de Lubersac, ville de 3,700 âmes, le haras royal de Pompadour, le canton de Juillac, celui d'Ayen, enfin celui de Larche, en tout 41,625 habitants. La ligne tombe à Terrasson (Dordogne) par le vallon de l'Elle. Ce canton possède 14,526 habitants, dont 2,900 dans le chef-lieu ; de là nous descendons par la vallée de Coli, entre les cantons de Montignac, Salignac, Carlux et Domme, peuplés en tout de 45,900 âmes. Si l'on ajoute à ce chiffre celui du canton de Sarlat (14,200), dont le chef-lieu possède 5,643 habitants, et celui du canton de Brives, dont la ville seule en compte 8,350, on aura près de 135,000 habitants échelonnés sur un parcours de 130 kilomètres.

Ce n'est donc pas jusqu'ici la population qui manque à la ligne dont il s'agit.

Examinons si c'est en effet le courant des affaires dans la direction que nos vœux appellent.

En général, l'attraction la plus importante des cantons est vers le chef-lieu de l'arrondissement, celle des arrondissements vers le chef-lieu du département. Si sous ce rapport le tracé de M. Colomès, le seul praticable de Salterre jusqu'au Ceou, profite à Limoges dans la Haute-Vienne, dans la Corrèze il s'écarte trop de Brives, et dans la Dordogne de Périgueux ; il profitera seulement aux rapports d'une partie de l'arrondissement de Sarlat avec le chef-lieu.

Arrivons maintenant au département du Lot. Le tracé y pénètre au col de Luziers, à l'entrée du vallon de la Masse. Il laisse de côté d'abord les rapports des cantons de l'arrondissement de Gourdon avec ce chef-lieu, puis il tombe à Castelfranc, à 21 kilomètres de Cahors, et il sort du département à deux myriamètres au delà, dans le vallon de la Seonne, où l'on ne trouve place pour aucun embranchement sur Cahors qui ait moins de deux myriamètres.

Les populations servies par ce parcours consistent dans les cantons de Cazals et de Catus, la moitié de ceux de Luzech, Puy-l'Évêque et Moncuq, en tout: 35,218 habitants.

Le Tarn-et-Garonne en profitera pour les cantons de Montaigu, Lauzerte et Bourg-de-Visa (27,071 habitants), dans leurs rapports avec Moissac et Montauban.

Ainsi, sur cinq départements parcourus par le tracé de Castelfranc, la circulation des populations intermédiaires vers leurs centres d'affaires comme administrés et justiciables est contrariée dans deux, favorisée dans deux autres, et indifférente pour un.

Le tracé par Cahors rétablit cet avantage pour notre arrondissement et celui de Gourdon. C'est aux dépens de la circulation des cantons de Puy-l'Évêque, de Cazals et de Montcuq, mais au profit de ceux de Cahors, Catus, Lalbenque et Castelnaud, offrant une population de 50,600 âmes.

Il y aurait donc, à ce premier aspect, grand bénéfice à faire passer la ligne de fer par Cahors.

D'ailleurs l'affluence des populations rurales au chef-lieu n'a besoin d'aucune autre impulsion que le rapprochement des distances : on s'y rendait d'abord pour ses affaires, on y va pour ses plaisirs. Les relations oubliées se renouent, les nouvelles se multiplient, la sociabilité s'étend, l'opinion publique s'éclaire et grandit. Créez un chemin de fer à la place d'une grande route, et la station qui, sous le nom de relais, au chef-lieu d'un canton voisin, ne vous fournissait pas cinquante voyageurs par an, vous en procurera mille. L'expérience est faite, et ce n'est pas seulement de Saint-Germain à Paris.

Bornons-nous à ce peu de mots quant au mouvement des personnes.

La circulation *intermédiaire* des marchandises est un élément essentiel de vie pour les chemins de fer. Ainsi, en choisissant bien les stations de manière à les rapprocher le plus possible des villes et bourgs où les marchés sont les plus fréquents, ont quelque importance spéciale, ou bien des établissements industriels qui sur la ligne parcourue attirent à eux le plus de matière première et exportent le plus loin et le plus souvent leurs produits, on augmentera les bénéfices d'un chemin de fer en favorisant la vie industrielle du pays. Un système qui, ne tenant compte que de la rapidité extrême du parcours, n'aspirerait qu'à la ligne droite et réduirait les stations le plus possible, la compromettrait infailliblement.

Jetons un coup d'œil maintenant sur le mouvement des affaires industrielles, manufacturières ou agricoles du parcours en question.

Au sud de Limoges, nous comptons plusieurs forges importantes, notamment à la Porcherie, à Coussac, à Vieuzac; une mine de fer à Saint-Bonnet-la-Rivière; des mines de plomb à Saint-Genest; à Glanges, des papeteries à Eybouleuf, à Condat; des fabriques de porcelaine à Pierre-Buffières, à Condat, à Saint-Yrieix, à Saint-Léonard et jusqu'aux portes de Limoges. La porcelaine est, dans cette contrée, l'objet d'une fabrication étendue et d'un grand commerce; mais la majeure partie de ces produits est destinée à l'approvisionnement de la zone du Nord. La diminution du prix de transport appellera à nous de préférence celles placées sur la ligne du Midi.

Dans la Corrèze, nous trouvons à Salon les forges de la Grenerie, plus bas celles du Glandier et de Beyssenac, l'ardoise de Donzenac, la papeterie de Lissac, les filatures de Lissac et de Malemort, les manufactures de toiles et étoffes communes de Brives.

Dans la Dordogne, les pierres lithographiques de Coty, l'argile à foulon et les pierres meulières de Saint-Rabier, la houillère, les sulfates de cuivre, les chaux hydrauliques, l'entrepôt de merceries et planches de Brard-Ville, la houille de Limeyroles, enfin les forges d'Archiguac, Beyssac, Étangneuf, les Eyzies, Laforelie, Plazac, etc.

Les fers de ces usines sont en général employés dans le pays, ou bien ils vont, par la basse Vezère et la Dordogne, alimenter le commerce de Bordeaux ou subvenir aux besoins de la marine dans la Gironde et la Charente-Inférieure, en concurrence avec les fers du bassin de la Dronne. Il est douteux qu'ils luttent avec avantage, dans nos contrées, avec les fers de Bourzolles et ceux du bassin du Lot, à Montauban avec ceux de Bruniquel et de Decazeville, à Toulouse avec ceux de l'Ariége. De même ces derniers auraient peu de chance à venir dans la Haute-Vienne et la Corrèze, lutter avec ceux du Berry, du Limousin et du Périgord. Dans tous les cas, ces fers alimentent le marché depuis Limoges jusqu'à la Dordogne.

Les hauts fourneaux et forges donnent lieu à un transport considérable du bois et charbon, de la castine, de la houille, du minerai, que ces usines n'auraient pas immédiatement sous la main ; celles situées sur la ligne du parcours y attireront de nombreux convois de combustible.

Les produits du Limousin qui suivront le plus avant la ligne en question sont d'abord les porcelaines, les produits de ses papeteries, ensuite, sur un rayon assez court, les draps et les toiles d'un petit nombre de manufactures de la Dordogne et de la Corrèze.

L'industrie agricole du Limousin nous offre ses chevaux de selle, et surtout les étalons du haras de Pompadour. Il y a là matière au transport, dans le **Midi**, d'un millier de têtes par an, et de cinq cents mulets du seul arrondissement de Sarlat.

La race bovine dans les deux régions de Tulle et de Guéret, abonde spécialement en taureaux ; à Bellac c'est en vaches laitières. Voilà encore deux articles dont le **Lot** et le **Tarn-et-Garonne** pourraient recevoir un millier chacun tous les ans. La statistique agricole officielle atteste cette possibilité, par les chiffres indiquant l'étendue des cultures et des pâturages de ces départements, le nombre de leurs animaux domestiques vivants et de ceux abattus chaque année pour la consommation. Ces chiffres peuvent n'être pas d'une vérité absolue , ils sont pourtant d'une vérité relative ; ils indiquent ce que ces départements possèdent en excès , ce qui manque aux autres, et dans quelle proportion.

Les porcs offrent encore au Limousin et au Périgord, surtout à l'arrondissement de Sarlat, un article d'exportation considérable au profit de la ligne de fer de Limoges à Montauban.

La race ovine de ces contrées alimente spécialement, quant aux meilleures laines des arrondissements de Bellac et de Limoges, la manufacture d'Aubusson et celle de Berry.

Le Quercy, où le rapport des béliers et brebis est insuffisant et où la race a besoin d'être améliorée, aurait à demander des béliers aux meilleures espèces de la Creuse et de l'Indre.

Inutile d'ajouter que les marchés intermédiaires, de station en station, appelleraient sur notre voie une quantité considérable de moutons et de laines, ainsi que de bœufs, de chevaux et de cuirs.

Notre production et notre consommation en céréales se balancent. Mais la Haute-Vienne consomme beaucoup plus de froment et d'avoine qu'elle n'en produit ; Limoges complète sa provision pour l'un à Confolens, pour l'autre dans la Dordogne ; mais aussi la Haute-Vienne produit 85,000 hectolitres de seigle de plus qu'elle n'en consomme ; elle en verse plus de 60,000 dans les arrondissements de Brives et de Tulle ; elle leur rend aussi 8,000 hectolitres de sarrasin ; Bourganeuf leur en fournit autant, tandis que Ussel apporte son excédant en seigle dans le canton de Mauriac. Le Limousin tire des arrondissements de Sarlat et de Périgueux 5,000 hectolitres de légumes secs et 12,000 hectolitres de pommes de terre. Il y a là évidemment matière à un grand commerce, et à un transport de plus de 7,000 tonnes par an, sur la ligne dont il s'agit, entre la Vienne et la Dordogne.

Le déboisement fait d'effrayants progrès en Quercy. La statistique agricole attribue à ses bois une surface de 112,000 hectares, mais leur produit est bien inférieur à celui des bois du Périgord. Nous avons à demander à l'arrondissement de Sarlat du bois de chauffage, de charpente, et du noyer pour l'ameublement.

Au nombre des objets d'échange les plus fréquents d'une station à l'autre, n'oublions pas la volaille, les œufs, les huiles, y compris le sel, si nécessaire à l'agriculture, et vingt autres articles d'épicerie, ou produits de l'horticulture locale.

Nous ne pouvons ici nous dispenser de signaler une

marchandise qui, sous un petit volume, n'est pas sans importance pour le Périgord, l'arrondissement de Brives et le Quercy. C'est la truffe et son escorte de dindes et pâtés truffés ; ils chargent durant près de quatre mois de l'année les impériales des deux diligences de Toulouse et de Bordeaux par Limoges, et la compagnie adjudicataire du chemin que nous sollicitons ne manquera pas d'en tenir note.

Elle tiendra compte aussi des fruits savoureux du Midi, dont l'envoi dans le centre et le Nord du royaume est l'objet d'un assez grand commerce. Au premier rang de nos expéditions en ce genre devraient figurer nos raisins, les meilleurs de France et les moins connus, à raison de la difficulté de les transporter au loin par nos diligences sans compromettre leurs grappes délicates ; nos figues fraîches, nos pêches et nos abricots rivaux de ceux de Clermont ; nos prunes, auxquelles il ne manque, pour soutenir le parallèle avec celles d'Agen, que le soin de les bien sécher.

Nos vins devraient tenir une grande place dans les convois dirigés vers Paris et vers le centre la France. Mais à cet égard ne nous faisons pas d'illusions. La route des vins ordinaires du sud occidental vers la région qui s'étend au nord de la France à partir d'Orléans, et qui comprend, outre la capitale, la Bretagne, la Normandie, la Picardie et la Flandre, c'est la navigation par Bordeaux et l'Océan, jusqu'à Nantes ou au Havre. La moitié des vins de notre zone suivent la même direction ; ce n'est plus qu'une faible quantité de vins vieux de Cahors, jadis l'orgueil et la fortune de nos contrées, qui prennent encore la voie de terre, pour aller trouver les rares amateurs que les vices de nos lois fiscales sur les boissons n'ont pas encore condamnés à les oublier.

Le voyage en mer des vins *ordinaires* des affluents de la Gironde fournit un aliment essentiel à la navigation fluviale et au cabotage, dont l'activité et l'étendue sont les premiers éléments de la puissance maritime chez tous les peuples. Afin de donner satisfaction à l'intérêt maritime, il vaudrait mieux que de sages concessions douanières rouvrissent à nos vins les ports étrangers.

Pour assurer une grande activité aux transports de nos produits vinicoles à Paris par des chemins de fer, il faudrait reporter les tarifs de péage de la première classe à la seconde, suivant le vœu formulé par le congrès agricole de Paris en 1844 et en 1845. Si nos vins allaient directement de Cahors à Paris par Limoges, moyennant 102 fr. 40 c. par tonne, au lieu de 115 fr. 20, tandis que la navigation par bateaux et paquebots réguliers coûte 78 fr., non compris les frais d'assurance, de commission, transbordement, etc., payés à Bordeaux, on n'aurait pas à balancer entre le chemin de fer et la navigation ; le bénéfice de l'activité compenserait le surcroît de dépense.

Au reste, le voyage sur mer améliore nos vins en les dépouillant, il les rend mieux fondus, suivant l'expression du commerce bordelais, il les vieillit. Peut-être auront-ils moins besoin de cette bonification quand ils seront mieux traités en cuve, ou mieux soignés dans les chaix avant l'expédition. Jusque-là il serait fort chanceux de compter sur le transport par la ligne de Limoges de tous les vins exportés pour le nord, dans les cantons de Cahors, Saint-Gery, Catus, Luzech et Puy-Lévêque.

Une branche d'exportation déjà fort utile serait celle de nos vins sur Limoges et la Creuse. Tandis que les chemins de fer de Bordeaux, de Nantes, de Vierzon, de Lyon à Paris, vont y attirer en plus grande quantité les gros vins de la Saintonge, du Berry, de l'Orléanais, de la Tourraine, du Poitou, de l'Anjou, et ceux plus robustes du Rhône, ceux plus délicats de la Bourgogne; la partie centrale de la France, entre Clermont, la Lozère, la Dordogne et la Charente, victime d'une nature marâtre, a été traiée en ennemie par nos lois fiscales. Sept départements, la Loire, la Haute-Loire, la Lozère, le Cantal, la Corrèze, la Creuse, la Haute-Vienne, ont été placés à la troisième classe dans l'échelle des droits de circulation et d'entrée des vins; c'est-à-dire que les droits y sont plus élevés de deux degrés que dans les départements vinicoles qui les avoisinent au midi: l'Ardèche, le Gard, l'Aveyron, le Lot et la Dordogne. Voici ce que cet état de choses produit: la consommation par tête est dans le Cantal de 8 litres 4 de vin; dans la Creuze, de 17.15; dans la Haute-Loire, de 15.42; dans la Haute-Vienne, de 23.38. Dans l'arrondissement de Brives elle est de 60 litres; dans ceux de Tulle et d'Ussel à peu près nulle; tandis quelle est en Quercy de 1 hectolitre 02, sans y comprendre la piquette, dont l'usage est universel dans les campagnes et parmi les ouvriers. L'approvisionnement de la Corrèze, de la Haute-Vienne et de la Creuse, en vins du Quercy, serait d'un intérêt capital pour toute entreprise de chemin de fer de Cahors à Châteauroux; mais les lois fis-

cales en restreignent la consommation au point de deve-
nir prohibitives pour les classes ouvrières. A Limoges,
une pièce de 220 litres aura à payer, vendue au con-
sommateur, 17 fr. 35 c. au moins en droits de mouvement, d'entrée et d'octroi. Elle ne peut être débitée
par le détaillant, à moins de 40 ou 50 c. le litre suivant les récoltes.

Il suit de là que, sans une réduction de droits d'entrée et d'octroi à moitié, sans la suppression sinon du
droit de circulation, du moins de son taux exagéré,
sans l'abaissement du taux du péage, l'expédition de
nos vins pour le Limousin et la Creuse ne prendra pas
le développement dont il est susceptible.

L'exportation pour Paris, par cette même voie, sera
également compromise, si les droits de 44 fr. qui
pèsent sur l'entrée des vins dans la capitale ne sont pas
diminués de moitié.

Les entraves fiscales qui déconcertent nos spéculateurs
retiendront ceux des bords du Tarn. Les seuls vins qui
ne seront pas arrêtés par ces obstacles seront les dé-
testables provenances du Berri et de l'Orléanais, pays
où la culture de la vigne a été exagérée en dépit du
climat et de la nature du sol, et où l'on peut produire et expédier beaucoup à peu de frais.

Il importe donc que le gouvernement et les Chambres se concertent pour venir en aide à un système de
production agricole bien entendu. Et puisque les voies
de fer vont efficacement concourir à une répartition
plus rapide des diverses branches de la richesse terri-
toriale, il est essentiel de ne pas clouer sur place les
trésors de l'industrie vinicole, par une législation dont

2

les vices sont universellement signalés, et dont la réforme n'appauvrirait pas nos finances.

Jusqu'ici, j'ai envisagé nos seuls rapports avec la population riveraine de la ligne du centre prolongée jusqu'à Cahors.

Je n'ai point jugé que les produits situés entre nos vignobles et le chef-lieu de la Haute-Vienne dussent être l'objet d'une expédition au nord de la France par cette voie. Paris emploie avant tout les fers du Berri, de la Nièvre, de la Champagne et de la Lorraine ; les draps de Châteauroux, de Louviers, d'Elbœuf et de Sedan ; les tissus de coton de la Normandie et de la Champagne ; les toiles de Picardie, du Maine et de l'Anjou ; les soieries de Lyon, de Tours et de Nîmes. La quincaillerie et les cristaux lui viennent de l'est ; la houille lui arrive d'Anzin, de la Bourgogne et de la Loire , ses céréales de la Beauce et de la Brie. Le peu de bestiaux qu'il tire du Limousin prennent leur point de départ à Limoges.

Le Quercy seul a intérêt à faire apprécier à Paris comme ils doivent l'être les produits de ses vignobles et de ses vergers.

Au-dessous de Cahors, nous rentrons dans la région des céréales, dont ce qui excède la consommation et une prudente réserve n'a été exporté jusqu'ici que par la Méditerranée et la Garonne, et ne pourrait être dirigé sur le Limousin que si les récoltes manquaient à la fois dans le Poitou et le Périgord.

Limoges reçoit ses soieries de Lyon, ses articles nouveautés de Paris.

Montauban n'offre à expédier sur la ligne de Paris

par Limoges que ses fruits , et par entrepôt les gros vins de Gaillac pour les coupages.

Voyons maintenant ce que Toulouse peut envoyer à Paris. Les faux et les limes de la maison Talabot? ils trouveront dans les propriétaires des manufactures de Loir-et-Cher de rudes concurrents. Les produits chimiques de l'Hérault? ils arriveront par le Rhône. Les eaux-de-vie de l'Armagnac? leur itinéraire est par Bordeaux, comme celui des esprits et des vins étrangers fabriqués à Cette l'est par Lyon.

Les objets importants qui pourraient cheminer de Toulouse sur Paris sont : les laines d'Aragon les plus fines, les marbres les plus précieux des Pyrénées, ou du moins de la portion des Pyrénées qui fait face à Toulouse (les arrondissements de Saint-Beat et Saint-Gaudens), et certains articles spéciaux de draperie, tels que les cuirs-laines de Castres, les meilleures étoffes de Carcassonne, de Mazamet. Il est d'autres produits pour lesquels les fabricants du Midi central ont des succursales à Paris ; certains tissus, beaucoup de produits chimiques sont de ce nombre. Pour eux évidemment, la ligne de fer la plus courte est la plus économique, à la condition pourtant que les tarifs soient les mêmes pour les deux lignes rivales.

Je pourrais dresser une colonne de chiffres, énonçant le mouvement probable des hommes et des choses entre Limoges et Montauban, et articuler le produit éventuel de ce prolongement d'après le tarif officiellement connu de la section de Paris à Vierzon. J'ai préféré citer des faits puisés dans le tableau des populations, dans les statistiques officielles, agricole et minérales, et dans les circonstances commerciales des quatre départements parcourus, à partir de Limoges. C'est dans chaque département que le chiffre le plus rapproché de la vérité pourra être établi pour chaque tronçon de ligne qui le parcourt. Ce que j'ai voulu montrer avant d'aborder l'objet spécial de ce mémoire, c'est que le tracé de M. Colomès rencontre des populations et surtout un mouvement de matières suffisants pour alimenter le prolongement dont il s'agit, en fournissant le complément qui est nécessaire à la ligne sur Limoges pour atteindre *sans déficit* la capitale du Midi central.

Je crois ce dénombrement plus utile à notre cause que certaines exagérations sur la nécessité stratégique du prolongement en question, au point de vue de la défense nationale.

L'intérêt de la défense nationale est sacré pour tous les bons citoyens. Aussi, je désirerais autant que tout autre que dès aujourd'hui le gouvernement s'occupât sans relâche à mettre notre marine sur un pied formidable, à fortifier d'une triple ligne défensive non pas seulement ce qu'on nomme la tête et le cœur, mais le corps entier de la France; qu'il fût assez prudent pour organiser une puissante réserve, et pour améliorer la race chevaline de manière à trouver sous sa main dans un moment donné (que Dieu éloigne le plus possible sans échec pour l'honneur français!) une nombreuse et forte cavalerie. Cela fait, on songerait moins à l'éventualité d'un va-tout joué sous les murs de Paris, et à la nécessité d'une ligne de fer des Pyrénées à la capitale, pour y lancer à travers les contreforts du Cantal l'arrière-garde de la France.

Une des calamités des deux occupations de 1814 et 1815 a été de permettre que la France pût être représentée comme un corps inerte, ne recevant le souffle de vie que de Paris. Si nous avions à subir l'invasion de l'Europe coalisée, les conditions de guerre de 1814 et 1815 seraient changées par d'autres circonstances encore que des chemins de fer. Le génie des peuples s'est modifié par trente ans de civilisation pacifique. La liberté que les puissances coalisées promettaient aux peuples qu'ils précipitaient sur la France leur a été refusée ; mais l'Allemagne du nord l'a conquise au moins dans ses mœurs et ses idées ; elle fermente encore dans les veines appauvries de l'Espagne. En cas de guerre continentale, les armées espagnoles laisseraient libre la route du Midi par Bordeaux. A tout événement, notre rôle serait de faire face à Bordeaux, comme l'Auvergne à Lyon, et le Languedoc à Perpignan. En cas d'alarme de ce côté, et si le sort des combats nous était contraire, notre lot, après avoir rompu nos lignes de fer, serait de nous acculer aux longs contreforts de l'Auvergne, des Cévennes, et là, de dire hardiment à qui nous demanderait nos armes : *Viens les prendre !*

Il est aisé de calculer ce que le mouvement d'un corps complet de trente mille hommes exigerait de wagons, de plates-formes roulantes et de locomotives, avec son infanterie, sa cavalerie, son artillerie attelée, ses bagages, caissons, munitions, ambulances, équipages de pont, etc. Nous savons quelles machines remorquent

les plus forts de nos convois ordinaires, ce qu'il faut
de wagons pour transporter, par exemple, cinq cents
hommes à quarante par wagon. Quelle compagnie serait
assez puissante pour avoir à la fois sur le même point
l'immense matériel nécessaire au transport d'une armée? Morceler les expéditions, c'est perdre le bénéfice
de la rapidité et compromettre avec le sort d'une
bataille celui du pays.

Revenons à la destination pacifique des chemins de
fer : la meilleure et la plus sûre.

Le prolongement de Limoges par Cahors a plusieurs
adversaires.

Le premier, c'est la route royale, n° 20, affec-
tant de se tenir sur la crête des montagnes à partir
d'Argenton, et, par conséquent, de couper le cours des
ruisseaux et des rivières, pour s'élever le plus tôt
possible au point culminant de leurs multiples bassins :
d'où on suppose la voie de fer impraticable.

Le second, c'est la ligne de Bordeaux à Cette, donnant satisfaction à Agen, Moissac, Montauban et Toulouse. Cette satisfaction est incomplète, à ne consulter
que les rapports avec Paris. En effet, la direction la
plus courte d'Agen est par Villeneuve et Périgueux, celle
des trois autres par Cahors; mais comme les deux
lignes auraient un tronc commun depuis Toulouse jusqu'à Moissac, il s'agit de savoir si la différence de longueur entre elles est telle que l'on doive nécessairement, en partant des points ci-dessus, donner la préférence à celle du Limousin. L'une des conditions de
celle-ci, c'est de toucher Guéret, Châteauroux, Issou-
dun, sous peine de perdre deux stations précieuses.

Quoi qu'il en soit, en adoptant le tracé de M. Colomès jusqu'à Vierzon, on a, de Moissac à Orléans par Limoges (moyenne prise entre les deux tracés de M. Colomès, par Cahors et Castel-Franc), un parcours de 520 kilomètres. La ligne de Moissac à Orléans par Bordeaux en fournit un d'environ 550 ; différence 8 lieues, représentées par une heure de temps, et par un surcroît de dépense de 3 fr. 40 c. aux premières, 2 fr. 50 aux deuxièmes, et 1 fr. 87 c. 1/2 aux troisièmes places, décime compris. A quel voyageur une heure de plus et ce léger supplément de prix paraîtront-ils exorbitants pour voir en passant les magnifiques panoramas de la Garonne et de la Loire ?

La différence ne sera appréciée que dans l'expédition des marchandises. Une tonne de vin ou d'huile coûtera 2 fr. 30 c. de plus, en admettant que le prix soit le même pour l'allée et le retour ; si au retour le prix est augmenté par Bordeaux, il le sera par Limoges, probablement dans une proportion plus forte, et la différence que nous venons de signaler s'atténuera d'autant.

Nous avons donc, je le répète, un rude adversaire dans le prolongement de Bordeaux sur Toulouse pour toute expédition au sud de la ligne de Moissac.

Revenons maintenant à l'argument de l'impossibilité : il est détruit par ce fait que la loi de 1844 a décrété la continuation de la ligne du centre sur Limoges par Châteauroux. Le plus difficile était de passer du bassin de la Creuse dans celui de la Vienne sans entrer dans le rayon d'attraction du chemin de Bordeaux, en tournant au contraire la Gartempe dans le département de la Creuse ; cette difficulté est surmontée.

Le tracé de M. Colomès vient à bout de celles qui se présentent au sud de Limoges, notamment à la descente du col de Salterre, avant d'aborder la vallée de la Vesère vers Terrasson. Il surmonte heureusement celles qui s'offrent entre Terrasson et Grolejac sur la Dordogne. Entre la Dordogne et le Lot, d'autres difficultés surgissent. Elles sont aplanies, soit que le tracé aborde le bassin du Lot par le col de Luziers et le ruisseau de la *Masse* jusqu'à Castel-Franc, soit que, dans le but d'arriver directement à Cahors, deux tunnels (ou souterrains) passent du bassin du Ceou dans celui du Verd, et de la vallée du Verd dans celle de Calamane.

Le passage par Cahors est l'intérêt le plus important qui se rencontre entre Limoges et Montauban ; c'est le sacrifier que de suivre la vallée de la Masse pour traverser le Lot à Castel-Franc, suivre de là la vallée de la Lissourgue, arriver par un tunnel sous Bovila, jusqu'à la Seone, au pied du hameau du Bret, et entrer presque aussitôt après dans la vallée de la Seone pour la parcourir jusqu'au pied du plateau de Castel-Sagrat.

Mais à quel prix va-t-on lui donner satisfaction, par la ligne de Limoges ? Il faut, dit le rapport de M. Colomès, un tunnel de 2,460 mètres sous Salvezou, un deuxième de 1,300 m. sous Brugas. Total, 3,760m. de tunel pour arriver à la hauteur de Mercuès, correspondante à celle de Castel-Franc. Au mamelon des Rouisses, on trouve la rive droite beaucoup plus basse, il y faut donc continuer le pont par un viaduc ; il en faut trois autres entre Pradines et Cahors. Par la hauteur où l'on s'est tenu, on est condamné à établir la

station et la gare de Cahors, la plus considérable de
notre prolongement, dans les flancs de la montagne
d'Angely, au-dessus du débouché si étroit du pont de
Valentré ou du vallon de Peyroli. Le chemin est pris
dans la montagne à son point le plus abrupte, sur le
dôme calcaire de la fontaine des Chartreux ; puis quatre
viaducs fort élevés, coupant les vallons transversaux, le
conduisent du vallon de Saint-Georges dans celui de
Quercy. Au sortir de ce dernier il faut encore deux
tunnels, l'un, sous le Baylou, de 3,000 mètres, l'autre
de 700, sous Saint-Privat. Voilà donc plus de 7,400
mètres de tunnel, en présence des 2,000 qu'exigeait
la traversée sous Bovila, et des 1,500 sous Castel-
Sagrat. Il y a donc sous ce rapport seul une différence
de 4,000 mètres, représentés, du taux fourni par
M. Colomès (1,068 fr. 50 c. le mètre courant),
dans la roche calcaire, etc., par 4,274,000 fr. Ajoutons-y 3 kilomètres de viaducs des Bouisses aux sept
ponts (3,000,000 fr.), d'après les devis de M. Colomès pour la ligne par Castel-Franc ; ils sont nécessaires, d'après l'opinion de l'honorable ingénieur, puisqu'il déclare les avoir employés lorsque la hauteur du
remblai sur l'axe atteint 20 mètres ; or, il en trouve
31 à partir du fond du petit Tréboulou, et le ruisseau
de Cabazac en a presque autant. Ajoutons-y 5 kilomètres de parapets, dont 3 sur les viaducs sus-énoncés,
et 2 le long du mont d'Angely et sur la moitié du parcours dans la montagne entre la Beraudie et Cabazac,
partout enfin où les rails dominent immédiatement la
rivière.

Ce surcroît de dépense de plus 7,000,000 fr. est in-

dépendant de la diversité de longueur que nous supposons à peu près nulle.

Pour couvrir cet excédant, il faudrait calculer la
différence dans le mouvement des marchandises et des
voyageurs entre l'une et l'autre ligne, et savoir si celle
de Cahors rapporterait 700,000 fr. de plus que celle
de Castel-Franc, dans les cinq stations de Catus, de
Mercuès pour Luzech, de Cahors, du Baylou pour
Lalbenque et Montpezat, de Castelnaud pour cette
ville et Molières ; substituées aux stations des *Arques*,
de *Castel-Franc*, de Belaye, desservant les cantons de
Cazals, Luzech et Puy-l'Évêque, à celle du Bret,
desservant une partie du canton de Montcuq, à celles
de Saint-Aignan pour Montaigut, de Saint-Amans
pour Lauzerte, etc. La différence serait fort considérable sans doute, mais le serait-elle au point d'intéresser financièrement l'état ou les compagnies à préférer la direction par Cahors ?

La condition qui leur est faite par le tracé de Castel-
Franc est déjà fort onéreuse. Prenons en effet le devis
de M. Colomès.

Il s'agit de fouiller 1,315,900 mètres de schiste ordinaire, 391,907 m. de granit à gros grains, 1,727,926
m. 90 de grès dur, 1,707,416 m. 91 de calcaires crétacés, 603,750 m. de calcaire jurassique : dépenses cotées
par l'ingénieur 12,838,452 fr. sur un ensemble de
fouilles évalué à 14,359,767 fr. Les murs de soutènement pour remblais coûteront 6,765,827 fr. 67 c. en
pierre sèche, à raison de 3,007,000 mètres cubes ;
et la partie maçonnée de ces soutènements coûtera
1,473,432 fr. ; 3,522 mètres de viaducs pour grands

terrassements coûteront 3,868,000 fr. ; 146,615 m.
de parapet, 1,609,465 fr. 43 c.

Les tunnels dans la roche calcaire ou grès crayeux
8,466,800 m.; dans les schistes et granits, 2,652,643 f.

Total de la dépense due à l'extraction des roches et
aux travaux d'art nécessités par la nature et la difficulté
des terrains parcourus, 37,701,884 fr. 27 c.

Ainsi, pour une ligne de 211,402 mètres, on a en
dépenses extraordinaires, non compris la main d'œuvre
des ponts et pontceaux, aqueducs, passages de chemins
sur ou sous les voies publiques, 178,342 fr. par kilomètre, sur une dépense moyenne de 250,000 fr.

Pour la ligne de Poitiers à Angoulême la proportion
entre les escarpements du roc et la masse des déblais
est de 1, 2 à 9 ; d'Angoulême à Bordeaux elle est de
1 à 6 (Mémoire de M. l'ingénieur Corréard, p. 270).

Sur le tronçon du col Salterre à Valence d'Agenais
elle est de 5 à 4, en comptant seulement pour moitié,
comme rocheux, les calcaires crétacés.

Je choisis cet exemple sur la zone créée par l'inclinaison au nord-ouest des bassins de la Vienne et de la
Garonne, pour montrer combien les difficultés des
fouilles augmentent à mesure que des côtes de l'Océan
on remonte vers le noyau basaltique de l'Auvergne.

Plus à l'est, l'impossibilité est manifeste sur tous les
points étudiés. Il en est un pourtant sur lequel j'appelle
l'attention, parce qu'il ne paraît pas avoir été examiné
dans les conditions actuelles, c'est-à-dire dans l'hypothèse à peu près réalisée du vallon de Vers, démasqué du
côté de Cahors, à grand renfort d'acide sulfurique et de
poudre, par le roc du Tustal, précipité dans le Lot.

Dans cet état de choses, on ne peut nier que la vallée du Ceou est, en amont du Gaunier, où va tomber le tracé de M. Colomès, fort bien disposée pour l'assiette d'un chemin de fer jusque au delà du point où commence la côte de Souceirac, l'un de ses affluents, passant non loin de Montfaucon (siége d'un petit séminaire), non loin de Rocamadour, qui attire en pèlerinage pieux, plus de 25,000 voyageurs par an. L'un de ses affluents, disons-nous, a sa source sous le mamelon de la Bastide au nord, tandis que sous ce mamelon, au midi, s'ouvre le vallon du ruisseau de Vers, débouchant dans le Lot.

Un tunnel sous la Bastide pourrait-il lier les deux vallons?

Quelle devrait être sa longueur?

Est-il possible de suivre au moins depuis Saint-Martin le plat fond du vallon de Vers?

Peut-on avec des courbes normales contourner les coudes qu'il forme au-dessus de Saint-Sauveur et sous Vialoles?

Pourrait-on, en empruntant les travaux du Tustal, sauf rectification des pentes, asseoir un chemin de fer de Vers à la Madeleine, à côté de la route de Figeac, et après avoir traversé le Lot, se diriger sur Cahors, au faubourg de Cabessut? Pourrait-on tourner la montagne de Saint-Cyr, sous la verrerie, de manière à le faire ressortir à l'entrée du vallon de Saint-Georges, par les *caissines*, au moyen d'un tunnel de 3 à 400 mètres?

Ce tracé traverserait les cantons de Saint-Germain, la Bastide, Lauzès, Saint-Géry, Cahors et Castelnaud (58,000 habitants). L'autre, ceux de Salviac, Catus, Cahors et Castelnaud, 48,272 : différence environ 10,000.

La variante à étudier desservirait, par Saint-Germain, les cantons de Gourdon, Peyrat, Souillac, Salviac et Cazals (42,154 hab.); par Labastide, les cantons de Gramat, Saint-Céré, Bretenoux et Martel (47,430 h.); par Saint-Martin-de-Vers, Livernon (8,986 h.); par Vers, les cantons de Figeac, Lacapelle, Cajarc (46,078 h.); par Cahors, Luzech, Catus, Montcuq et Puy-l'Évêque (47,258 hab.); total : 191,103 h.

L'autre tracé par Cahors dessert à Salviac, Gourdon, Cazals et Belvez (Dordogne) (28,960 h.); à Catus, Labastide, Saint-Germain, Lauzès et Puy-l'Évêque (36,712 h.); à Cahors, Luzech, Saint-Géry (14,423 h.); total : 80,095 h. Différence totale : 121,000 habitants.

J'ai dû entrer dans les détails qu'on vient de lire, afin de montrer que le prolongement de la ligne de fer du centre de Limoges à Montauban trouvera sur son parcours un mouvement suffisant de populations et de marchandises, que le tracé étudié par M. Colomès est convenable à la condition de passer par Cahors.

Mais je n'ai pu dissimuler les difficultés d'exécution inhérentes à la direction de la route, et l'énorme proportion de déblais difficile et de travaux d'art qui se rencontrent dans le tracé par Cahors, jugé d'après le devis fait sur la ligne de Castelfranc.

Il est évident que pour cette exécution les compagnies financières abandonneront l'état à lui-même. Ainsi, en conformité de la loi du 11 juin 1842, modifiée cette année, il aura à faire les frais d'acquisition des terrains, et toutes les dépenses de terrassement et œuvres d'art.

Ce n'est pas tout; sa dépense devant s'élever au moins à 54,000,000, d'après le devis de M. Colomès, pour la ligue par Castelfranc, l'état pourra-t-il retrouver dans le bail qu'il offrira à la compagnie chargée de poser les rails, d'ensabler et clôturer la voie, de fournir le matériel d'exploitation, etc., le bénéfice que l'article 35 du cahier des charges, du bail du chemin de fer d'Orléans à Vierzou et de ses prolongements, lui attribue éventuellement, savoir : *Au bout de cinq ans d'exploitation, la moitié de ce qui excédera 8 pour cent du capital dépensé par la compagnie, si toutefois les produits cumulés des années antérieures ont couvert la compagnie de l'intérêt à 6 pour cent du capital par elle employé et de l'amortissement calculé sur le pied de 1 pour cent de ce capital entier?*

Il est à peu près certain que, dans les *conditions d'exécution du chemin de Limoges à Montauban* et avec le *voisinage de celui de Bodeaux à la même ville*, il sera difficile de trouver une compagnie concessionnaire du bail. Celle, par exemple, qui aurait soumissionné par un seul bail la double ligne d'Orléans à Limoges et à Clermont, se chargera difficilement de la nôtre aux mêmes conditions, avec le même tarif, etc.

N'oublions pas d'ailleurs que le gouvernement, la loi du 11 juin 1842 à la main, pourra toujours décliner tout engagement de prolonger au delà du centre la ligne écrite dans cette loi en ces termes : *De Paris au centre de la France.* C'est en 1842 qu'il fallait demander une ligne non sur le centre, mais sur le midi central, et insister pour l'obtenir.

Ce n'est donc pas un droit rigoureux que nous pouvons invoquer, même après les études de M. Colomès.

Gardons-nous de nous endormir sur ce magnifique
travail d'ingénieur. Reconnaissons au contraire qu'ar-
mé d'une portion de ce travail, le gouvernement
pourra, la ligne de Limoges arrivée sur la Vezère, aller
fonder ce prolongement à Libourne à travers le Périgord.

J'ai dû prévoir qu'à Terrasson, on se bornerait à aller
joindre à Limeuil les bords de la Dordogne, et à suivre
là le cours de ce fleuve jusqu'à Libourne, ou bien à arriver en droite ligne de Terrasson à Périgueux par la
vallée de Lisle; en un mot, j'ai dû prévoir le cas où l'on
se bornerait à rattacher Limoges à Bordeaux, par Ber-
gerac ou par Périgueux.

J'ai dû prévoir aussi que le tracé par Castelfranc serait adopté par la ligne de Limoges à Valence.

Dans toutes ces hypothèses, et alors même que la
ligne dirigée sur le midi central passerait à Cahors,
j'ai cru utile à la prospérité du pays d'appeler l'attention des conseils généraux du Lot, de l'Aveyron, du
Lot-et-Garonne, et celle de M. le ministre des travaux public, sur une ligne fort importante sous tous
les rapports, jugée facile à exécuter et des portes de
Rodez jusqu'au plateau de Lalbenque, d'après les
études de M. Colomès. Je crois aisé de la prolonger
jusques à Cahors, et même de la conduire jusques à
la Garonne à égale distance entre Toulouse et Bordeaux. Peut-être aussi, avec plus de frais sans doute,
mais plus de profit, à raison d'un mouvement plus
considérable de population et d'affaires, pourrait-

on la mener à un point plus rapproché de Bordeaux, et par conséquent de Paris.

Tel est l'objet de ce mémoire. Je n'ai pas voulu l'entreprendre avant d'avoir pris la défense de la ligne de Limoges à Montauban, au point de vue spécial des intérêts agricoles et industriels qui la sollicitent.

CHAPITRE III.

Du chemin de fer de Rodez à la Garonne par Cahors. — Du rayon d'attraction de Rodez tête de ligne, sur le Tarn, l'Hérault, le Gard,
la Lozère, le Cantal. — Échange de produits entre l'Aveyron, le Lot,
le Lot-et-Garonne. — Stations : Bournazel, Villeneuve, Limogne,
Lalbenque. — Expéditions sur Cahors et de là sur Toulouse et Bordeaux. — Retours. — Provenances spéciales de Bordeaux.

Plaçons-nous sur le plateau calcaire qui court depuis
les portes de Rodez jusqu'à l'embranchement de sa route
sur Villefranche avec celle de Villefranche à Decazeville. De ce point, le plateau continue jusqu'à Villeneuve-la-Cramade, à moitié chemin de Villefranche à
Figeac. De là il se tient entre Vidaillac et Limogne.
Il se prolonge ensuite par Bach et Veylats, Lalbenque, etc.

De Rodez jusqu'à Lalbenque, nous nous sommes te-
nus sur le point de partage des eaux du Lot et de l'A-
veyron. Vers Lalbenque le plateau se bifurque. Au
midi, s'ouvre le bassin du Tarn ; plus loin à Ventaillac
se trouve le point de partage des eaux du Tarn et de la
Garonne, entre les sources de la Lutte et de la petite
Barguelonne coulant parallèlement et laissant entre
elles la serre de Ventaillac à Castelnaud. S'il ne s'agis-
sait que d'arriver de Rodez à Moissac, la vallée de la
Lutte nous offrirait une pente moyenne, acceptable par
les ponts et chaussées, en débouchant d'abord dans le
vallon de Saint-Sever, puis par un tunnel sous Ventaillac dans celui de Saint-Paul.

3

Mais le point important, que je crois réalisable, est d'arriver jusqu'à Cahors, et d'y arriver par la plus courte voie possible. La plus courte, en prenant son point de départ à Lalbenque, c'est d'aller entre Pauillac et Saint-Sever joindre le col de la Trevesse, et de descendre le vallon de Quercy jusqu'à l'entrée du faubourg Saint-Georges.

Dès qu'on y est arrivé, la question de savoir si l'on peut rejoindre le plateau dans son prolongement à l'ouest est très-difficile. Il faut recourir aux souterrains pour se frayer un passage, soit vers les vallées affluentes au Lot, soit vers celles qui portent directement leurs eaux à la Garonne; à moins de n'avoir qu'un embranchement sur Cahors.

Dans ce dernier cas, avant d'arriver à la Garonne, on n'a plus qu'à descendre, sauf à choisir la meilleure vallée.

Avant d'aborder toute discussion topographique, examinons quelle ressource nous offrirait la ligne qui, entre le Lot et l'Aveyron, arriverait de Rodez à Cahors et se porterait de là sur la Garonne.

Le département de l'Aveyron a une population de 370,951 habitants répartis sur une superficie de 882,171 hectares.

Ses deux arrondissements les plus peuplés sont ceux de Villefranche et de Rodez; l'un a près de 99,704 âmes de population, l'autre 81,130.

Sainte-Affrique communique avec Rodez par deux routes départementales, l'une par Saint-Rome, l'autre par Requista et Cassagnes. Elles traversent plusieurs chefs-lieux de cantons: Saint-Rome peuplé, de 3,154 ha-

bitants, ville manufacturière, l'un des principaux entre-
pôts des meilleurs fromages de France, ceux de Roque-
fort; Saint-Sernin, peuplé de 2,574 habitants, fabrique de
grosses draperies ; Requista, 4,185 habitants, entrepôt
des villages voisins, qui y apportent des fromages, du fil,
des toiles ; Cassagnes de 1,500 habitants ; Calmont,
centre d'une fabrique de toiles considérables et d'un
grand commerce de bestiaux.

Sainte-Affrique, peuplée de 6,300 habitants, compte
quatre manufactures de coton, six filatures de laine,
quatorze fabricants de draps lisses, ratines, tricots,
cuirs-laine, molletons, castorines, etc., plusieurs tanneries et mégisseries.

Milhau, située à 16 lieues (64 kilomètres) de Rodez,
est sur la grande ligne qui va de Nîmes ou de Montpellier à Bordeaux, par les départements de l'Aveyron et
du Lot; sa population est de 8,885 habitants. Son industrie manufacturière consiste spécialement dans la
tannerie, la mégisserie, la ganterie. La moitié de ces
établissements ont des maisons à Paris ; plusieurs commissionnaires servent de lien entre eux et le commerce.

A 15 lieues de Milhau, le Vigan compte 5,000 habitants. Sa bonneterie, y compris le fleuret et les bas
de soie et coton, y occupent plus de cinq cent soixante
métiers. A 6 lieues au-dessous, Ganges (Hérault) est
célèbre par ses nombreuses filatures de soie, ses manufactures de soieries et ses fabriques de bas de soie et de
coton; à 10 lieues à l'est, Saint-Hippolyte (Gard),
5,200 habitants, rivalise d'industrie avec Ganges et le
Vigan. En outre, il exploite en grand la mégisserie et
la fabrique de colle forte.

Tout le monde connaît l'importance de Nîmes comme centre manufacturier. Plus de cent maisons y fabriquent les articles de soie pure ou mêlée de coton et de fil de lin; douze spécialement les châles de soie ou de laine; vingt les étoffes pour meubles; elle compte vingt filatures de laine, huit grandes fabriques de tapis; de nombreuses huileries d'olives, etc.

Tels sont les principaux articles que Nîmes pourrait expédier au sud-ouest de la France, par les cinquante maisons de commission qu'elle possède. Si l'on réfléchit que de Nîmes à Agde la distance est presque égale à celle de Nîmes à Rodez, on se convaincra que cette ville préfèrerait alimenter Bordeaux et l'ouest de la France par un chemin de fer de Rodez à la Garonne, que par la ligne de Cette à Bordeaux par Agde, Beziers et Toulouse. Elle y gagnera environ 5 myriamètres (12 lieues et demie) jusqu'à Agen. Saint-Hippolyte, le Vigan et Ganges y gagneront 10 myriamètres.

D'un autre côté Milhau touche à l'arrondissement de Lodève. Lodève, située au pied des Cevennes, peuplée de 10,300 âmes, est le centre d'une grande fabrication de gros draps, notamment pour le service de l'armée; vingt-trois maisons de tissage et autant de filatures de laine alimentent cette industrie; on y fait un grand commerce en huiles d'olive du pays, amandes, savons et eaux-de-vie.

Clermont-l'Hérault, situé à 15 kilomètres sud-est de Lodève, 6,000 habitants, compte vingt-trois manufactures de draps, quatre grands filatures, trois papeteries, des fabriques de soie, de tapis, huit tanneries, quatre mégisseries.

L'arrondissement de Lodève exploite en outre, notamment à Gignac, à Montpeyroux, à Saint-André, à Saint-Jean de Fos, le vert de gris connu dans le commerce sous le nom de verdet.

Enfin cet arrondissement produit 14,400 hectolitres d'au-de-vie, dont plus de 14,000 destinés à l'exportation, trouvent à Montpellier une concurrence redoutable dans l'immense quantité fournie par ces deux arrondissements. Cette eau-de-vie ne va point dans le département du Tarn ; car elle y trouverait celles de Saint-Pons, ville située à moitié chemin entre Beziers et Castres ; sa route naturelle est de refluer sur Milhau et de remonter de là vers Rodez.

Ainsi Milhau se trouve au premier point de rencontre de plusieurs centres de fabrication placés au sud-est. L'un de leurs principaux débouchés sera la ligne de fer de Rodez à Cahors et à la Garonne, où leurs produits reflueront par des rails, par le roulage ordinaire, ou par la navigation, dans le centre et le nord de la France. Une partie de ces denrées s'arrêtera forcément sur le parcours.

La distance d'Alby à Rodez est de 70 kilomètres. Sa population est de 11,600 âmes. La route royale qui conduit à Rodez traverse les cantons de Monestier et Papelonne, deux bourgs peuplés l'un de 1,467, l'autre de 1,992 habitants ; le canton de Valence touche à celui de Requista, dont nous avons déjà parlé.

Aux portes d'Alby, à Saint-Juery, se trouve l'importante usine du Saut-du-Sabot, fabriquant spécialement de l'acier, entre autres, les faux, les limes, les aciers pour armes, la coutellerie, les ressorts de voiture.

L'un des principaux négociants d'Alby y possède une magnifique papeterie, et exploite en outre plusieurs martinets à cuivre et une grande verrerie. La manufacture d'Alby compte plusieurs fabriques de molleton, tricot, couvertures de laine et de coton.

L'arrondissement d'Espalion présente d'autres ressources à l'exportation. Situé à 28 kilomètres de Rodez, Espalion n'a guerre d'autre industrie digne d'intérêt que la chapellerie et la tannerie ; mais à côté de cette ville Saint-Geniez-Rive-d'Olt, sur une population de 3,800 âmes, offre 12 manufactures de draps, cadix et couvertures, et fait un commerce étendu de bois pour meubles. Entraigues livre au Lot ses merreins; mais le coude énorme que forme la rivière en serpentant de Saint-Geniez jusqu'à Cajarc, permettrait aux merreins et au bois de tout genre des cantons d'Estaing, d'Espalion, de Saint-Geniez, Laguiolle et Saint-Chely, d'affluer avec avantage sur la ligne de Rodez à Agen.

Espalion consomme peu de blé et plus de seigle qu'il n'en produit : la différence est de 12,000 hectolitres. Notre chemin de fer mettra à la portée de cet arrondissement les froment et seigle qui lui manquent. Il nous enverra en échange les magnifiques taureaux qu'il élève.

Maintenant un mot sur les tributs que la Lozère et le Cantal pourraient fournir à cette voie. N'examinons ici que la portion la plus rapprochée de Rodez.

Marvejols compte 4,000 âmes, la Canourgue 1,850, Chanal 1,800. Dans ces trois cantons on fabrique des serges, des cadix, de l'escot; on y compte, notamment à Marvejols, d'importantes filatures de laine. Mais le grand centre de fabrication des cadix et escots est à Mende, où cette industrie occupe quatre filatures de laine et une vingtaine de grands établissements de tissage. Mende possède 6,000 habitants et une chambre consultative des arts et manufactures. Séparée par 18 lieues (7 myriamètres) de Rodez, Mende contribuera comme Marvejols à alimenter la circulation sur notre ligne.

Plus tard, peut-être serait-il possible, en se tenant toujours sur la crête calcaire qui sépare le Lot de l'Aveyron et en serrant de très près les bords de la Serre vers la source du Dourdon, d'arriver par la vapeur jusqu'aux portes de Mende. Mais ce ne sera que lorsque les richesses minérales que renferment les Cévennes auront assez développé la prospérité du pays pour que leur exportation sur notre ligne, devenue de jour en jour plus considérable, permette de lui donner ce prolongement.

La statistique de 1801 attribuait à la Lozère plusieur mines de plomb, en général argentifères ; une exploitée, Vialas ; d'autres susceptibles de l'être : Cassaguas et Bluech, et sur le territoire de Villefort, Collet de Deze, montagne de Mazimbert près du pont de Bayard ; montagne de la Rauchine, montagne de Castanet, montagne du Roure, montagne de la Quemail, commune de Saint-Jean de Chazorne ; montagne de Chambon, commune de Planchamp ; Merueys, Mende.

Depuis cette époque, l'exploitation des plombs argentifères s'est étendue à Villefort ; une fonderie centrale y a été créée en sus de celle de Vialas, arrondissement de Florac, et énergiquement exploitée. Les fabriques secondaires accessoires à cette industrie, telles que l'extraction de l'argent par l'épuration de la galène, la fabrique des plombs doux, de la grenaille, de la litharge rouge, de la céruse et de l'oxide blanc, ont donné d'importants produits que le dernier compte-rendu de l'administration des mines pour 1844 porte à 581 kilog. d'argent fin, représentant 127,820 fr., à 1,145 q. m. de plomb marchand, et à 1,693 q. m. de plomb d'œuvre. Actuellement la concession de Via-las et Villefort s'étend à plusieurs filons inexploités en 1801, notamment ceux de Bayard et Mazimbert. Huit filons nouveaux, dont plusieurs fort riches, attendent des capitaux et des débouchés.

Récemment des mines de cuivre ont été découvertes dans la Lozère; le minerai en est exploité par la compagnie centrale de Villefort.

Six mines d'antimoine, dont quatre en exploitation, produisent annuellement 22,000 fr. de sulfure d'anti-moine qui est converti en régule dans le département du Gard.

La Lozère n'offre ni mines de fer ni hauts four-neaux.

La statistique de 1801 lui attribuait 9 houillères non exploitées. Elles ne le sont pas encore. Peut-être un chemin de fer arrivant à Rodez aurait-il la puissance d'attirer l'industrie vers ces combustibles miné-raux. Énonçons pour mémoire qu'elles ont été signalées notamment à Saint-Étienne de Valdonnès, à Saint-Germain du Theil, à la Canourgue, et à Mende. Leur exploitation serait indispensable au cas où le chemin de fer se prolongerait dans la Lozère. Elle serait utile en tout cas pour fournir aux habitants de l'Aveyron l'équivalent de la houille que consommeraient les locomotives.

Deux arrondissements du Cantal, Aurillac et Saint-Flour, profiteraient de la ligne de fer de Rodez : Saint-Flour par la Guïole et Espalion; Aurillac par Maurs et Figeac. Si l'on excepte les produits de ses tanneries et ses colles fortes, Saint-Flour ne fabrique pas pour l'exportation ; il compte 5,484 âmes ; les deux cantons dont il est le chef-lieu réunissent 25,642 habitants. Les deux autres cantons les plus rapprochés de l'Aveyron sont ceux de Chaudes-Aigues, ville renommée par ses eaux thermales, et de Pierrefort ; ils possèdent ensemble 16,800 âmes.

Une partie des habitants de cet arrondissement quitte le pays en automne. Ils vont s'employer comme maçons, scieurs de long, charpentiers, ou bien comme ouvriers en cuivre, étameurs, etc. Une partie remonte vers le Puy-de-Dôme et de là dans le nord ; l'autre, des cantons voisins de l'Aveyron descend en général vers le midi, et, arrivée à Rodez, se disperse dans le départements de l'Hérault, du Tarn, de Tarn-et-Garonne, du Lot, etc.

L'arrondissement d'Aurillac, composé de 97,200 habitants, sera presque en entier attiré sur le nôtre dans ses rapports avec le sud occidental de la France. La ville compte environ 10,000 âmes. Son industrie principale est la fabrique des articles de chaudronnerie. C'est le grand entrepôt des fromages de Cantal, dont le Rouergue et le Querey font une grande consommation. Le Cantal élève en outre beaucoup de chevaux, et Aurillac compte un assez grand nombre d'éleveurs, un dépôt royal d'étalons et un dépôt de remonte pour la cavalerie. Ses courses et distributions de primes attirent un immense concours à son hippodrome. Une partie des chevaux nourris dans les riches prairies qui entourent cette ville descend vers le sud-ouest.

Les bestiaux et les mulets sont le principal article d'exportation de ces contrées.

D'après la statistique agricole, sur 153,000 têtes de race bovine, les arrondissements de Saint-Flour et d'Aurillac en possèdent 92,000, dont 59,800 vaches et 8,200 bœufs. La culture en céréales n'y dépasse pas 60,000 hectares dont le seigle en occupe 51,700 et le froment 3.665. Le labourage emploie environ 12,000 têtes, d'autant que la terre froide et légère de la Ségala se prête au labour des mulets et des ânes, l'atelage ordinaire du pauvre sur la cendre de ces volcans éteints.

Les taureaux, les vaches et les veaux d'Aurillac ont sur place plus de prix que ceux de Saint-Flour ; le rapport est de 60 à 57, de 100 à 75, de 25 à 20 ; mais le bœuf de Saint-Flour vaut 1/7 de plus que celui d'Aurillac. A Espalion les belles races d'Aubrac et de la Guiolle ne craignent pas le parallèle avec les plus belles de la Suisse et de l'Angleterre. Ainsi à Saint-Flour, le prix moyen du bœuf est de 140 fr.; à Espalion, de 144 fr., à Cahors de 127, tandis qu'il n'est à Aurillac que de 120 fr. ; mais son revenu n'est à Rodez que de 22 fr., à Cahors de 18, tandis qu'il est à Aurillac de 42. Le prix moyen et le revenu réel sont supérieurs au chiffre ci-dessus, au moins à Cahors.

La consommation à Aurillac est de 244 bœufs, 360 vaches, 10,649 veaux; à Saint-Flour, de 91 bœufs,

3,779 et 7,914 veaux. Il reste donc disponible pour l'exportation une quantité considérable de bœufs, et assez de vaches et de taureaux pour améliorer nos races.

Le rapport du poids brut au poids net des bœufs abattus est à Aurillac et dans la Guïole, de 5-83 à 3-50 ; à Saint-Flour de 4-17 à 2-50 ; à Rodez de 2-50 à 1-13 ; à Villefranche de 3-77 à 2-26 ; à Cahors de 3 00 à 1-80. Ce rapport est fourni par le poids total, réduit au centième. Il y a donc 60 et 1/3 p. 0/0 de viande dans le bœuf d'Aurillac, et dans celui de Cahors, 60 p. 0/0 juste. Dans le bœuf de Saint-Flour et de Villefranche même proportion ; celui de Rodez, au contraire, n'en contient que de 45 à 46 p. 0/0.

De ces chiffres résulte la preuve que les races d'Aurillac et d'Espalion étant les plus fortes, nous avons intérêt non pas à les introduire sans précaution, mais à les naturaliser chez nous par l'achat des taureaux étalons ou des vaches laitières qui nous manquent, et par l'acquisition des bouvillons à façonner au travail et à engraisser dans nos métairies. L'intérêt urgent de notre agriculture est que nous fassions du fumier le plus possible ; élevons donc nos bœufs pour le labour et pour la boucherie ; multiplions-en la race sur notre sol, mais ne demandons, autant que possible, aux départements voisins que les agents de cette propagation. Avec des vaches et des taureaux plus nombreux, nous n'éprouverons pas de perturbation subite dans le prix des bœufs de labour ; nous en accroîtrons la quantité par métairie, nous en aurons ainsi de rechange ; nos bœufs, plus reposés, se prêteront mieux à un engraissement plus régulier quoique moins cher ; nous aurons une proportion plus forte de viande à offrir aux bouchers par tête d'animal, une viande meilleure à offrir à la consommation, et un accroissement sensible dans nos récoltes, par suite d'une fumure plus abondante.

Les bœufs de la Corrèze ont à peu près les mêmes poids brut et net que ceux du Lot ; ceux de la Dordogne sont plus forts : le rapport du poids net au poids brut est de 60 p. 0/0 dans ces deux départements ; mais l'agriculture, en employant un plus grand nombre à Brives et à Sarlat, ce dernier arrondissement ne pourrait nous fournir que des taureaux, et cela au prix de 100 fr. l'un, tandis que ceux d'Aurillac et de Saint-Flour sont de 60 et de 57 fr. Nous achèterions également plus cher les vaches de l'arrondissement de Sarlat que celles du Cantal.

Ainsi une ligne de fer de Rodez à Cahors servira mieux cette branche importante de notre agriculture, que la ligne de Limoges à Montauban ; d'autant que les échanges que nous faisons avec ce dernier arrondissement en fait de bestiaux, se bornent à quelques paires de labour, que nos voisins de Caussade, Montpezat ou Molières viennent produire aux foires de Castelnaud, Mondoumerc ou Belfort.

Sous le rapport alimentaire, le bœuf du Cantal et du Rouergue, approvisionnant Bordeaux, le nord-ouest, la marine, fournira à notre ligne un énorme tonnage.

S'il abonde en bestiaux, le Cantal produit fort peu de froment, et le défaut de communications rapides et suivies avec les pays qui pourraient l'approvisionner, réduit la consommation de cette précieuse denrée ali-

mentaire aux proportions les plus exiguës ; elle est par
tête de 18 litres seulement, tandis que dans le Puy-de-
Dôme elle s'élève à 85. Le seigle n'y supplée qu'im-
parfaitement, car il est bon d'observer que dans le Puy-
de-Dôme la consommation du seigle est presque aussi
forte que dans le Cantal, 1 h. 53 au lieu de 1 h. 82. Le
sarrasin y supplée, mais seulement parmis les classes
les plus pauvres. Pour arriver à mettre la consommation du Cantal en froment au niveau de celle du Puy-
de-Dôme, il faudrait en importer dans ce département 172,190 h. représentant près de 13,000 tonnes, à raison de 75 kilos par hectolitre.

Même observation quant aux légumes secs, dont le
Puy-de-Dôme consomme 10 litres par tête et le Cantal 3
seulement. Ceci encore pourrait donner lieu à une
importation d'environ 1,350 tonnes.

Le froment ne peut pas arriver au Cantal des départements limitrophes ; l'Aveyron ; la Lozère, la Haute-
Loire, le Puy-de-Dôme et la Corèze ; en effet la consommation y excède la production et ils sont approvi-
sionnés par leurs voisins. Le Lot-et-Garonne, le Gers,
les cantons à blé de l'arrondissement de Cahors et les
importations de l'étranger arrivant à Bordeaux, sont na-
turellement appelés à concourir à cet approvisionnement
complémentaire du Cantal.

La Lozère manque également de froment. La partie
la plus rapprochée du Rouergue, comprenant une partie des arrondissements de Marvejols et de Mende,
viendrait s'approvisionner à Rodez de celui que notre
chemin de fer leur apporterait. J'en dirai autant de
l'arrondissement d'Espalion, le plus pauvre de l'Avey-

ron en céréales alimentaires, et où la consommation dépasse la production en légumes secs de près de 5,000 hectolitres (1)

Après avoir montré comment le point de départ du chemin de fer de Rodez à la Garonne, par Cahors, s'alimenterait des produits des arrondissements riverains du Tarn, de l'Hérault, du Gard, de la Lozère et du Cantal, examinons quels produits l'Aveyron pourrait transporter par cette voie.

J'ai parlé des arrondissements de Sainte-Affrique et Milhau.

Rodez, notre point de départ, compte 8 filatures, 3 fabriques de couvertures de laine, 15 fabriques de serge et tricot pour la troupe, et un entrepôt de laines important. On y traite en grand la chaudronnerie, la coutellerie et l'art du fondeur. Son bassin houiller trouvera sur notre ligne de fer un moyen de transport précieux pour en diriger les produits vers la Garonne.

Bournazel, première station, recevrait l'embranchement destiné au transport des fers de Decazeville et d'une partie des houilles de l'immense bassin d'Aubin. Nous en parlerons dans un chapitre spécial.

A cette station se grouperaient les cantons de Montbazens, peuplé de 12,420 habitants; Aubin qui en compte 15,983, y compris la population ouvrière de Decazeville; Asprières, 10,117; Rieupeyroux, 8,791;

(1) J'ai dû prendre mes chiffres dans la statistique agricole du royaume, sans chercher à discuter ce qui paraît exagéré, en plus ou en moins, dans la production et la consommation de chaque arrondissement. Je choisis ces documents parce que sans eux on ne peut se faire une idée du mouvement intérieur des produits de notre agriculture et du courant des échanges.

Marsillac, 11,942; Rignac, 9,110; Conques, 7,657.
Total, 70,000 âmes.

Les denrées et marchandises qui pourraient y affluer, indépendamment des produits de Decazeville, ainsi que de la castine et du minerai absorbés par ses hauts fourneaux, sont la bonneterie de laine de Rignac, les eaux minérales de Cransac et une partie de ses houilles, les produits de la verrerie de Viviez, l'avoine, les seigles dont la production excède la consommation locale d'un millier de tonnes, les châtaignes estimées des cantons de Rignac et de Montbazens qui manquent dans les cantons de Limogne, La benque, Caussade, Montpezat, Castelnaud, Montcuq; en attendant l'exploitation des mines de cuivre, dont plusieurs filons existent dans les deux cantons de Rignac et de Marsillac.

Aux portes de Villeneuve-la-Cramade, une autre station grouperait autour d'elle les cantons de Figeac, de Lacapelle (Lot) et ceux de Villefranche et de Najac.

Les cantons de Figeac et de Lacapelle réunissent plus de 38,000 habitants.

Figeac, peuplé de 6,000 âmes, a peu d'articles industriels à exporter. Le peu de vin et de froment qui excède sa consommation locale va dans le Cantal; mais il a un grand avantage, c'est d'être sur la ligne de Tulle à Rodez, d'y avoir un service organisé, d'en avoir un sur Limogne par Cajarc, un autre sur Villefranche par le pont de la Madeleine, de recevoir, enfin par un fort bon service, tout ce qui arrive d'Aurillac d'une part, et de l'autre de Gramat, Labastide, Saint-Ceré, etc. Le nombre des places accusé par ces diligences est loin de correspondre au concours des voyageurs.

Villefranche compte 8,733 habitants ; le canton en fournit 16,864. Deux voitures, savoir, le *courrier* et la *diligence*, font chaque jour le trajet de Villefranche à Cahors, sans autre station intermédiaire que les trois relais de Limogne, de Concots et de Ramassoli, dans le vallon de Galessie, point isolé, correspondant d'une part avec Aujols, de l'autre avec le bac de Saint-Gery ; une autre va de Villefranche à Figeac, une troisième à Rodez, une quatrième à Montauban par Caussade, une cinquième à Alby.

Ce mouvement fait affluer à Villefranche une masse considérable de voyageurs. Le canton le plus voisin de cette ville, celui de Najac, compte près de 9,932 habitants, celui de Rieupeyroux 8,791, enfin Villeneuve 3,251, et le canton 9,561.

La station de Villeneuve attirerait 84,000 âmes ; peut-être en faudrait-il une autre plus près de Villefranche.

La circulation des produits industriels de la contrée peut acquérir quelque importance par les papeteries, les fabriques de toiles, les fonderies de cuivre qu'elle possède, et surtout par le développement que prendra nécessairement cette dernière industrie.

Quant aux produits agricoles, l'arrondissement de Villefranche fournit à celui de Rodez 2,000 hectolitres de seigle ou de méteil, et plus de mille hectolitres de froment, ce qui est loin de suffire à compléter la consommation de cet arrondissement, lequel absorbe en céréales de toute nature, surtout en froment, 52,000 hectolitres au delà de son produit disponible ; sans parler du maïs exporté par Rodez vers Milhau

et Espalion qui n'en produisent pas. L'arrondissement de Villefranche a deux fois plus de vignes que
ceux de Rodez, Espalion et Sainte-Affrique. Espalion
consomme un tiers de plus de vins qu'il n'en récolte ;
même observation pour les légumes secs. Villefranche
en récolte 800 hectolitres de plus qu'il n'en consomme,
tandis qu'Espalion en absorbe 4,500 de plus qu'il n'en
produit.

Nous ne pouvons dire ce que les lins et chanvres
en graine occasionnent d'exportations d'un arrondissement à l'autre. Quant au fil de chanvre, sur 3,883
quintaux qu'il a teillés, Villefranche n'en emploie que
22 ; Espalion, sur 839, en emploie 1303.

Si Rodez consomme 10,415 q. m. de foin au delà
de ce qu'il en produit, Villefranche en produit un excédant de 17,597 q. m. ; même observation pour les
pommes de terre. Il y a donc un mouvement forcé de
Villefranche à l'arrondissement de Rodez et ceux d'Espalion, d'une masse de produits agricoles, ou de Rodez
à Villefranche d'une quantité de bétail dont notre ligne
doit profiter.

A la station suivante, qui devra être aux portes de
Limogne, s'il est possible, se rattachent : le canton de ce
nom possédant 9,451 habitants, celui de Cajarc qui
en compte 7,721 (le chef-lieu en a 2,055), une partie
de celui de Saint-Géry ; et dans le département de
Tarn-et-Garonne, celui de Caylus, 9,921 habitants,
dont 5,000 à la commune chef-lieu.

Le canton de Limogne, en général pays de Causse,
consomme toutes ses céréales ; mais il possède encore

4

beaucoup de bois, dont le transport à Cahors, sur de petites charrettes traînées par une paire de bœufs ou de mules, fait perdre un temps précieux aux cultivateurs. Une petite quantité est expédiée par le Lot. Trois seules communes, Saint-Martin-Labouval, Cenevières et Calvignac, bordent la rivière et sont peu boisées, comparativement à celles de Vidaillac, Laramière, Promilhanes, Varaire, Saillac et Jamblusse. Ces bois sont nécessaires à l'approvisionnement de Cahors ; transportés rapidement, et par des tiers, ils le seront par cela même à moins de frais ; les attelages des cultivateurs en seront soulagés d'autant, ils seront mis en vente par masse et cordés, au lieu de l'être en détail, charretée à charretée, sans précision de mesure. Aujourd'hui la charretée de bois arrivant sur le marché est arrachée à l'impatience du vendeur, à un prix qui, sans être inférieur à sa valeur réelle, ne lui laisse presque aucun bénéfice sur les prix de coupe et de transport. La prolongation de ce système serait désastreuse pour ces contrées. Les larges dimensions des wagons, leur service régulier et rapide, permettra d'envoyer à la fois des quantités plus considérables, soit aux marchands de bois, soit aux familles qui traiteront directement de leur provision. Vendeurs et acheteurs, tout le monde y gagnera.

Limogne verse à Cahors son gibier et ses truffes; la rapidité du transport ajoutera à ce tribut en bien plus grande quantité qu'aujourd'hui les volailles, les meilleures variétés de champignons, etc.

Limogne n'a que quatre foires, tandis que d'autres chefs-lieux de canton et de simples communes en ont jusqu'à douze. La station du chemin de fer établie, sinon à Limogne même, du moins à la plus grande proximité possible, en augmentera le nombre et l'importance.

L'affluence des bestiaux à ces marchés donnera une vive impulsion aux améliorations agricoles, notamment par l'extension des prairies artificielles, et par une rotation de cultures où le trèfle entrera dans de plus grandes proportions. Le plâtre si utile aux trèfles et aux luzernes, et dont l'Aveyron possède de nombreuses carrières, arrivera dans ces contrées en plus grande quantité et à meilleur marché.

Les douze foires de Cajarc et celles de Caylus profiteront de cette proximité de la station de Limogne.

Par cette ligne, Caylus et Caussade recevront une partie de l'avoine, des maïs et des bestiaux de l'Aveyron.

Une station devra encore s'établir à Lalbenque. Ce canton possède 10,552 habitants. Quatre des communes qui le composent (Lalbenque, Fontanes, Mondoumère et Belfort) comptent ensemble 5,200 âmes de population, et payent les 7/12ᵉ de sa contribution foncière; ce groupe produit un tiers de plus de froment que tout le reste du canton. A ces communes il convient de joindre Puy-la-Roque, peuplée de 2,326 habitants et dont l'industrie s'exerce principalement dans la tannerie.

A cette station se rattachent par Laburgade, Aujols et Ramassoli, les communes de Saint-Gery, Vers, Esclauzels et Arcambal (3,457 habitants), dans leurs rapports avec le Rouergue. Elles y pourront expédier leurs vins, avec des chances plus heureuses que par le Lot, navigable d'ailleurs jusqu'à Levignac seulement. On connaît le mérite des excellents vins d'Arcambal, Saint-Crépin, Pasturat, Flaujac.

Le canton de Lalbenque trouvera un grand avantage à faire arriver ses blés à Cahors, de Belfort en deux heures et demie, de Mondoumère en deux heures, de Fontanes en une heure et demie, de Lalbenque en une demi-heure, tandis que ce voyage dure aujourd'hui six, cinq et quatre heures. Les foires de ces communes seront plus fréquentées, les meilleurs vins de Cahors y arriveront plus rapidement.

Une station spéciale est nécessaire au point de rencontre de notre ligne de fer avec la route de Caussade à Cahors, qui s'y rattachera forcément. Le parcours pour les cantons de Montpezat, Caussade, Nègrepelisse et Molières en sera abrégé d'autant.

Montpezat compte 2,871 habitants, le canton 7,741; Caussade 4,292, le canton 13,699; Nègrepelisse 3,099, le canton 10,348; Molières 2,574, et le canton 7,192. Il faut y ajouter la partie du canton de Castelnaud la plus rapprochée de notre ligne, c'est-à-dire, Castelnaud 4,133 habitants, Flaugnac 1,226, l'Hospitalet et Granejouls 704; Pern 906; Saint-Paul 829; en tout 7,800 habitants. Voilà donc 46,000 âmes attirées vers cette station.

Les cantons situés au midi de la ligne de Nègrepelisse suivront celle que leur ouvrira l'embranchement proposé sur Castres. Ils dépendent de l'arrondissement de Gaillac; un sous-embranchement sera probablement dirigé vers cette ville par le Tarn.

Revenons aux cantons précités.

Nous parlerons plus tard de celui de Castelnaud.

L'agriculture est la principale industrie des cantons de Nègrepelisse et de Caussade. Ils s'adonnent spécialement à la *minoterie*, c'est-à-dire à la fabrication de la fleur de farine de froment, nommée minot ; ils en approvisionnaient autrefois la marine et les colonies. Cette industrie languit depuis plusieurs années. Quoi qu'il en soit, les minotiers de Caussade, Nègrepelisse et Molières, auront avantage à faire leurs chargements pour Bordeaux à Montauban ou à la Française ; mais ils pourraient tirer un grand parti de la ligne de Cahors à Rodez, s'ils voulaient spéculer sur l'approvisionnement des pays où l'on consomme plus de blé que l'on n'en produit, et où cette consommation est susceptible d'un grand accroissement, tel que le Cantal, la Lozère, une partie de la Haute-Loire. La consommation du froment est par tête, 0 h. 18 l. dans le Cantal ; de 0.21 dans la Haute-Loire ; de 0.31 dans la Lozère ; quantité manifestement insuffisante. Ici encore il faut accuser la lenteur des transports par les voitures rurales ordinaires, le temps immense qu'elles font perdre aux bêtes de trait et aux cultivateurs qui les conduisent, la routine enfin, qui parque chaque industrie de village sur le sol qui l'a vue naître, et souvent même n'étend pas ses spéculations jusqu'à l'horizon de son clocher.

Nous désirons vivement que notre ligne de fer arrive aux portes même de Cahors, c'est-à-dire à l'entrée du faubourg Saint-Georges.

Nous examinerons bientôt quels sont les possibilités les moins coûteuses en même temps et les plus utiles à la prospérité du pays, d'arriver de là sur les bords de la Garonne.

Supposons-nous donc parvenus de Rodez à Cahors. Nous voici dans une ville dont la population de 12,000 âmes environ pourrait facilement s'accroître, si l'industrie manufacturière utilisait, à défaut de la vapeur, les barrages éclusés du Lot. Sa population d'ouvriers agricoles est insuffisante. La classe des artisans travaillant les articles de vêtement, de chaussure, d'ameublement, tend de jour en jour à se réduire. C'est un mal que rien ne vient compenser. Il a pour cause la facilité de s'approvisionner à Toulouse, Bordeaux ou Paris ; et il s'aggrave de l'apathie qu'il entretient parmi la classe industrielle. Il suit de là que les marchands de draps et nouveautés achètent peu d'articles de goût ou de mode actuels, unissant la solidité à ce je ne sais quoi qu'on nomme le *bien porté*. A qui confierait-on en ville le soin de les confectionner? On achète donc en général des articles convenant spécialement à la classe la plus nombreuse, mais la moins riche. A quoi bon se pourvoir de marchandises de prix, qui n'étant pas utilisées dans l'année, perdraient leur vogue et resteraient au fond du magasin ? Les chemins de fer aggraveront cette tendance, mais aussi les stations aux villes chefs-lieux y attireront un grand mouvement de personnes et d'affaires. Le commerce des articles de manufactures s'y étendra dans la même proportion, et sera appelé à servir plus souvent et à mieux servir les diverses classes de population des petites villes ou des campagnes comprises dans son rayon.

Ce qui a manqué jusqu'ici à l'industrie manufactu-

rière du Lot, ce sont des débouchés et la timidité des
capitaux. C'est elle qui a fait échouer des tentatives
faites il y a peu d'années par des citoyens honorables,
et des entrepreneurs d'une probité sévère, à laquelle
l'un d'eux joignait de longs services chez le vénérable
créateur de la filature de coton à Paris, Richard Le-
noir. Le choix de la matière première était-il trop
hardi pour un premier essai de mises en actions? Peut-
être si l'on eût choisi la laine de nos contrées, eût-on
encouragé de grands propriétaires ruraux à s'intéresser
dans l'entreprise. Quoi qu'il en soit, un nouvel établissement industriel vient d'être fondé à Cahors, la verrerie. Sa reconstruction était indispensable à notre
industrie vinicole. Une usine organisée dans les meilleures conditions de position et d'habile structure,
une exploitation intelligente, active, à la hauteur de
tous les progrès de l'art, en garantissent le succès. Le
chemin de fer que nous proposons sera fort utile à la
nouvelle verrerie de Cahors; il ajoutera pour ses produits un moyen de transport économique à celui de la
navigation. Cette facilité de transport sera favorable à
la spéculation sur nos excellents vins vieux, en permet-
tant de les expédier en caisses dans le Tarn-et-Garonne
et le Gers d'une part, de l'autre, dans l'Aveyron, le
Tarn, la Lozère et le Cantal, régions qui, sauf les
deux dernières, appartiennent à la zone des départements où les droits de mouvement et d'entrée sont les
plus bas.

Bien que l'exploitation des tabacs livrés à la régie
lui appartienne exclusivement, et que leur transport soit
l'objet de traités en cours d'exécution, l'embranchement

de Rodez à la Garonne par Cahors attirera à lui la majeure partie des tabacs transportés en feuilles de Cahors aux manufactures royales, et rentrant après la fabrication dans l'orbite de son parcours. Peut-être alors s'établira-t-il une manufacture royale de tabacs à Cahors, et ce sera justice.

Les deux cantons de Cahors placent leurs vins au premier rang de leurs produits agricoles. Près de la moitié de ses 19,000 hectares est plantée en vignes. Soit 9,000 produisant, à raison de leur situation montueuse et du mode de plantation qu'elle nous impose, une moyenne de 10 hectolitres par hectare. La consommation générale du département est d'environ 3/5° de la production. Il reste donc sur 41,000 pièces de vins réduites à 38 par le déchet de la première année, 15,000 pièces de vins environ, disponibles dans les deux cantons de Cahors, en sus de leur consommation. Cette portion de la récolte est livrée au commerce hors du département. Elle suit d'ordinaire la voie de Bordeaux où son transport dure huit jours, et coûte en moyenne 67,500 fr., à raison de 18 fr. par tonne. Le transport à 18 c. par tonne et kilomètre en chemin de fer de Paris à Bordeaux, coûterait le double, en supposant un parcours de 200 kilomètres. Mais le transport se ferait en toute saison, en quelques heures, avec une extrême sécurité, et sans altération ni déchet à redouter en route, ce qui devrait le faire préférer.

Plusieurs communes vinicoles appartenant à d'autres cantons profiteraient de ce mouvement : telles sont Calamane, Saint-Martin-de-Vers, Nuzéjouls, Crayssac, Caillac, Douelle, Saint-Vincent, Vers, Saint-Gery, etc.

Le jardinage dans la vallée de Cahors produit beaucoup plus que la ville ne consomme ; il approvisionne les cantons voisins. Une des principales branche de cette industrie est le plant d'oignons, dont la seule commune de Cahors cultive de 15 à 20 hectares; une partie va dans le Rouergue ; une quantité considérable de raisins délicieux de nos vignes, des chasselas de nos jardins, de nos fruits renommés, de nos pruneaux et amandes dont nous pourrions faire un commerce lucratif, suivront la même voie.

Le noyer est cultivé dans toutes nos vallées. Ses huiles s'exportent par le roulage. L'huile de noix, mieux confectionnée à froid, pourrait offrir une meilleure qualité comestible, une 2e qualité pour l'éclairage, une 3e pour d'autres emplois industriels, et pour résidu un tourteau plus abondant, plus riche en principes azotés, plus favorable par conséquent à la nourriture du gros bétail ou à l'amendement des terres. Il y a là ample matière à transport sur notre ligne de fer, des noix, des huiles et des tourteaux, spécialement vers l'ouest du département, le Lot-et-Garonne, le Gers et Bordeaux.

L'arrondissement de Cahors cultive 259 hectares en lin (520 q. m.), 895 hectares en chanvre (3,600 q. m.). Cette culture est susceptible d'une grande extension, celle du lin surtout, presque exclusivement réservée à la vallée du Lot, et qui était jadis l'une de ses principales industries. A supposer qu'un jour la culture du tabac fût supprimée en France, dans un intérêt à mon avis fort mal entendu, nous trouverions une compensation dans l'extension de la culture du chanvre et du lin , surtout si l'industrie de la filature se maintenait dans la voie du progrès. La culture du lin pourrait s'étendre dans le seul arrondissement de Cahors sur un millier d'hectares et produire 4,200 quintaux métriques de filasse; il y aurait là matière à une belle industrie de filature et de tissage, et provisoirement à un transport considérable.

Cahors a 12 foires par an et deux marchés par semaine. La ligne en question y attirera en toute saison une grande affluence.

Quant au mouvement des voyageurs, les huit diligences particulières qui convergent à Cahors de divers points du département y amènent une moyenne de 50 personnes par jour. Chaque diligence venant de Paris en ajoute 10; leurs voyageurs se rendant à Montauban ou Toulouse, s'arrêteront à Cahors presque tous , si la vapeur peut les déposer aux portes de Moissac , où ils trouveront des locomotives cotoyant la Garonne. Je ne me livrerai pas à des calculs de probabilités sur les quantités de voyageurs que les départements parcourus par notre ligne peuvent échanger entre eux chaque jour ; il me suffit de renvoyer aux observations très-courtes que j'ai faites à ce sujet, chapitre II. La curiosité seule suffira pour attirer de Cahors à Rodez une foule de visiteurs dont une partie brave déjà pour s'y rendre les ennuis d'un changement de voiture et d'une veillée d'auberge.

Que de merveilles à voir, par exemple, à Decazeville, cette réalisation des forges fabuleuses de l'Etna ! Tous les prodiges métallurgiques s'y trouvent. Quant à son volcan, il n'est plus dangereux; c'est une moitié de montagne qui brûle depuis bientôt un demi-siècle, et qu'un solide rempart isole de la région des houilles exploitées. Il en est un plus savant, qu'on me passe l'expression, c'est celui qui la nuit se divise en vingt gerbes de flamme sortant des hauts fourneaux, fours à puddler, à réverbères, etc., et en plusieurs centaines de pots de feu s'élevant d'un triple rang de fours à coke.

Nos Alpes sont dans les Cévennes et dans la haute Auvergne. La civilisation ne les aborde encore sur des *rails* que d'un seul côté, le chemin de la Grand'-Combe à Nîmes. Elle les pressera bientôt par la ligne de Lyon à Beaucaire, d'Orléans à Clermont. Si elle les envahit du côté de l'ouest, là, pas plus qu'ailleurs, les bataillons ne manqueront à son armée; car ils seront entraînés par l'appat des sites pittoresques ou grandioses, qu'il serait difficile de trouver en France plus imposants que vers les sources torrentueuses de l'Ardèche, de la Loire, de l'Allier, du Lot, du Tarn et du Gardon.

On ira donc à Rodez beaucoup plus souvent lorsque des rails permettront de s'y rendre en quelques heures par le seul côté où il soit accessible à des locomotives, le plateau qui se projette horizontalement entre les bassins du Lot, du Tarn et de l'Aveyron.

CHAPITRE IV.

Parcours de Cahors à la Garonne. — Bifurcation au-dessous de Cahors. — Ligne sur Valence et Moissac. — Ligne sur Tonneins par la côte du Lot. — Par l'une, exportation agricole de Montcuq et Castelnaud, Lauzerte, etc. — Par l'autre, exportation des vins, produits minéraux, industriels, agricoles, des cantons de Luzech, Puy-l'Évêque, Catus, Cazals, Fumel, Tournon, Montflanquin, Penne, Villeneuve, Sainte-Livrade, Clerac, etc.

A partir de Cahors, il serait utile au pays d'avoir deux embranchements, l'un vers le sud, l'autre à l'ouest ; l'un servant les cantons de Castelnaud, Montcuq, Lauzerte, Montaigu, Valence, Moissac (47,000 habitants), et tout le mouvement commercial et agricole de notre ligne vers la Gascogne ; l'autre courant vers la vallée du Lot pour la suivre à partir du point de la rive gauche où le tracé peut s'exécuter de la manière la moins onéreuse, à la condition néanmoins de servir les cantons de Luzech et de Puy-l'Évêque, dont le dernier seul possède 13,500 habitants. La bifurcation de la ligne permettra d'arriver sur Bordeaux, non-seulement à la hauteur de Nicole, au confluent du Lot et de la Garonne ; mais d'y arriver au delà de Tonneins après avoir passé à Sainte-Livrade, de la rive gauche sur la rive droite.

Il est facile de démontrer les avantages de l'une et de l'autre direction.

Les cantons de Castelnaud et de Montcuq fournissent à Cahors la majeure partie des grains et des bestiaux absorbés par la subsistance de la ville. Des 41,000 hec-

tares qui les composent, la moitié est cultivée en céréales
avec rotation de culture entre le froment et le maïs, ou le
seigle et l'avoine, auxquels beaucoup de propriétaires
ajoutent le trèfle. D'assez nombreuses luzernières com-
plètent les fourrages verts. Dans ces deux cantons, la
crête des collines est en général inculte et plate, sauf les
mamelons dont elle est semée; la culture occupe principalement les versants des coteaux, à partir d'une hauteur
assez abrupte qui varie de 15 à 25 mètres au plus. Une
partie de ce talus est occupée par des bouquets de bois
et quelques vignobles. Le plat-fond des vallées, arrosé
par de longs ruisseaux, est semé de riches prairies. Les
froments y sont magnifiques, les maïs fort beaux. Plus
haut se trouvent quelques gîtes de marnes à explorer
et à exploiter. Ces cantons acquerraient un haut degré
de prospérité, si une ligne de fer passait sous leurs
chefs-lieux. Malheureusement il faut opter, ou plutôt
choisir par transaction une vallée intermédiaire, dans
le cas surtout où le prolongement de Limoges sur
Montauban ou sur Valence ne serait pas exécuté.

Les rapports si fréquents de Montauban et de Toulouse
avec Cahors sont assez nombreux et assez importants
pour solliciter un embranchement sur Malauze et Moissac, d'où l'on peut gagner Auch par la vallée du Ratz
ou du Gers. Ces contrées n'emploient pas les houilles
du bassin du Lot; elles en recevraient par notre voie de
fer une quantité suffisante, à de meilleures conditions
qu'elle ne reçoivent les houilles du bassin de la Loire
et de la Grande-Bretagne dont elle ont fait usage jusqu'ici concurremment avec celle de Carmeaux.

D'autre part, les cantons de Luzech et de Puy-l'Évê-

que trouveraient pour leurs vins un nouveau débouché
en remontant vers l'ouest, et ils expédieraient les
meilleurs sur la ligne de Bordeaux avec plus de sécurité en chemin de fer que par le Lot. Ces cantons
offrent de plus grands vignobles que les environs de
Cahors. La spéculation s'y exerce sur une plus vaste
échelle. Les vignobles donnant de 3 à 500 pièces de
vin y sont moins rares. Ce sont, il est vrai, pour la
plupart, des vins noirs ou rogommés, qui gagnent par
la couleur ce qu'il perdent en qualité. Mais il n'est pas
moins important pour eux d'arriver vite sur le marché
de Bordeaux, où les a trop souvent devancés la concurrence des gros vins du Périgord, ou même de rester
dans le chai du propriétaire au lieu de payer de gros frais
de consignation, avec le nombreux accessoire des frais
de tonnellerie, et d'attendre le moment favorable à leur
expédition. Ce transport, sur des rails, pourra se faire
en tout temps, tandis que, malgré les millions employés
à rendre le Lot navigable, il faut encore attendre les
grosses eaux pour envoyer nos vins dans la Gironde.

Il nous reste à dire quelques mots d'un canton au-
quel profiterait l'une des branches de notre ligne qui
arriverait, par exemple, à la hauteur de Castel-Franc :
c'est celui de Cazals. Ce canton a devant lui un riche
avenir, si la ligne de Paris à Limoges se continuant par
le ruisseau de la Masse, et son confluent le Verd jusqu'à
Castel-Franc, se prolongeait jusqu'à Valence. Mais les
fers du Périgord n'en seraient pas si éloignés qu'ils ne
fissent même, dans le petit coin de notre département
qu'ils traverseraient, une fâcheuse concurrence à ceux
des Arques et de Goujounac. Notre ligne ayant une

station devant Castel-Franc, et ne remontant pas dans cette direction jusqu'aux cantons ferrifères de Ville-franche et Montpazier, comme le fait la ligne de Li-moges à Valence, offrira des avantages plus modestes mais plus sûrs aux forges de ce territoire.

Decazeville emploie aujourd'hui la fonte brute des Arques aux rails qu'il fabrique. Si la compagnie de Decazeville continue d'exploiter la fonte des Arques après que notre ligne sera établie, elle voudra profiter du riche minerai qui s'étale à la surface même du sol dans ce district privilégié, ou bien les capitaux ne manqueront pas pour en tirer parti. La fonte des Arques rend le fer de Decazeville plus malléable; celles de Sauveterre et de Bourzolles, employées également par la compagnie ont le même privilège. Peut-être y aurait-il intérêt pour la compagnie à faire descendre une partie des fontes de Decazeville sur le Lot à la proximité des Arques, plutôt que de faire remonter celles des Arques à De-cazeville par la même voie jusqu'à Levignac.

Quoi qu'il en soit, notre ligne assurera au bassin fer-rifère de la Masse un avenir de prospérité que le trans-port par le Lot ne peut lui procurer à lui seul.

A la hauteur de Fumel, notre ligne trouvera à transporter les fers du bassin de l'Allemance, Sau-veterre, Cujorn, Grèze près Saint-Front, Blan-quefort, etc., et les populations de Fumel et Libos (près de 5,000 âmes). Le canton de Blanquefort qui en possède 9,700, et celui de Belvès 9,500, y trouve-ront une communication facile avec Bordeaux, Cahors et Rodez.

Sur la rive gauche du Lot, le canton de Tournon

compte 7,200 habitants, dont 5,000 environ au chef-
lieu, et les deux meilleurs vignobles du Lot-et-Garonne,
Thézac et Péricard. Ce canton est vinicole avant tout ;
mais son agriculture est en progrès. Il en est de même
de celle du canton de Montaigut, 8,000 habitants, dont
moitié à la ville de ce nom.

En continuant notre itinéraire vers Villeneuve, nous
avons sur la rive droite le canton de Montflanquin,
peuplé de 12,880 habitants, dont 5,000 appartiennent
au chef-lieu. Entre Libos et Montflanquin, on rencontre les belles forges de Rais, celles de Gavaudun et
de Moulinet.

L'ensemble de ces hauts fourneaux donnait en 1839,
2,325 tonnes de fonte brute, produisant 1,050 tonnes
de gros fer. Ils devront consommer plusieurs centaines
de tonnes de houille d'Aubin, dès qu'elle arrivera facilement à leur portée. Ces usines marchent aujour-
d'hui au charbon de bois, mais le moment approche
où, sous peine de ralentir leur production par suite du
renchérissement du combustible, elles seront forcées de
recourir au coke, suivant la méthode anglaise.

Sur la rive gauche du Lot, s'étend parmi les collines
qui le bordent, le canton de Penne, peuplé de 10,000
âmes, dont plus de moitié à la ville chef-lieu et au
bourg qui en dépend, nommé le Port. Cette contrée
est purement agricole. Là, commence l'exploitation en
grand de la prune. Les vins qu'on y récolte n'ont pas
le mérite de ceux de Thézac et de Péricard ; ils font
masse dans ceux que le commerce bordelais recherche
pour les coupages. Penne a huit foires renommées,
les unes pour le bétail, les autres, notamment celles

d'octobre et novembre, pour les ventes de pruneaux.

Villeneuve, située dans une admirable position, au milieu de la plaine la plus riante, compte 10,788 habitants. Le canton, spécialement agricole, en a 16,417. Des minoteries, des filatures y sont échelonnées sur le Lot. Son commerce est très-actif en grains, en vins et en pruneaux. Les environs de Villeneuve offrent en outre de nombreuses pépinières, d'où notre département et les riverains de la Garonne tirent leurs plants d'arbres fruitiers, et notamment de pruniers d'Ante. La race bovine dans cet arrondissement est d'une belle force ; l'élève des bœufs y concourt à l'approvisionnement de Bordeaux. Les porcs y surabondent, et l'excédant, au nombre de plusieurs milliers, est en majeure partie dirigé sur cette ville; le reste reflue vers le Quercy.

Dans cet arondissement, la production en froment dépasse la consommation d'environ 30,000 hectolitres, livrés spécialement aux marchés de Marmande, de la Réole et de Bordeaux. On y exporte fort peu de maïs, mais plusieurs milliers d'hectolitres de pommes de terre, et 2,000 hectolitres de légumes secs. L'exportation de produits vinicoles y est d'environ 500 tonnes (ou 2,000 pièces) d'eau-de-vie, dont la majeure partie va à Bordeaux et le reste dans le département du Lot. L'arrondissement exporte en outre par la Gironde de 6 à 7,000 pièces de vins. 3,000 q. m. de chanvre, et plus de 400 q. m. de lin servent à la confection des toiles et tissus fabriqués dans le pays, et notamment à l'abbaye d'Eysses, par les détenus de cette maison centrale (l'une des mieux tenues et de celles qui produisent le moins de récidivistes); quantité de nos chan-

5

vres filés vont s'y convertir en toiles de ménage. Cette maison fabrique aussi de la clouterie, des chapeaux et des meubles.

Quant aux élaborations métalliques, Villeneuve possède plusieurs martinets de cuivre et ateliers d'armurerie, de taillanderie, de coutellerie, dont les produits s'exportent principalement dans le Quercy.

L'industrie du corroyeur y donne le dernier apprêt à une quantité considérable de cuirs exportés notamment dans le Lot et la Gironde.

Enfin, en cheminant vers la Garonne, nous rencontrons Sainte-Livrade, peuplée de 3,200 h., et centre d'un commerce considérable de pruneaux, Castelmoron et Clairac, où ce commerce est également fort étendu. Clairac, peuplé de 4,800 âmes, possède d'importantes minoteries ; il exporte ses vins blancs fort estimés, et transporte chaque année aux magasins de la régie à Aiguillon de tous les points de cette contrée où on le cultive, plus de 200 tonnes de tabac en feuilles.

Nous nous sommes bornés jusqu'ici à détailler l'exportation probable des contrées placées dans le rayon du chemin de fer de Rodez à la Garonne.

Indiquons maintenant d'une manière plus précise les produits qui seront transportés par cette voie, depuis la Garonne jusqu'à Rodez. Quelque encombrantes que soient plusieurs de ces marchandises, il est à présumer quelles arriveront toutes par le chemin de fer, plutôt que par la navigation du Lot ; car si le transport de certains articles sur le Lot, à la descente, tels que les vins, les houilles, les fers, conserve quelques chances, le retour de Bordeaux des articles que nous allons citer en offre bien peu par cette voie. En effet, la plupart des bateaux venant du Rouergue s'usent à descendre à Bordeaux, et la plupart y sont mis en pièces après débarquement. En second lieu, les patrons n'ont jamais immédiatement sous la main un chargement de retour. D'ailleurs la remonte du Lot sera toujours, malgré les travaux de sa canalisation, plus difficile, plus longue, et partant plus coûteuse que la descente. Enfin, les articles dont il va être question ou s'avarient au contact de l'eau, ou forment des colis trop peu volumineux ou trop variés, pour qu'il soit prudent de les confier à des patrons de bateaux.

Bordeaux est l'entrepôt général des denrées coloniales ou de provenance maritime, qui sont consommées dans les départements de Lot-et-Garonne, du Lot, et dans l'arrondissement de Villefranche-d'Aveyron. Supposons que le reste de ce dernier département continue à les tirer de Cette ou de Marseille, les deux arrondissements de Villeneuve et de Villefranche les recevront de Bordeaux. Ils possèdent le tiers de la population du Lot.

- Ceci posé, je prends la moyenne des importations en denrées coloniales ou autres de provenance maritime. J'établis la consommation par tête de ces denrées dans toute la France, ce qui est facile pour le sucre, le café et autres provisions usuelles auxquelles il convient d'ajouter le sel. Je divise ce chiffre par celui de la population totale de la France, et j'obtiens la consommation par tête. Je multiplie ce chiffre par celui de la population de notre département et des deux arrondissements desservis par la route, et j'obtiens, réduite en tonnes, ou 1,000 quintaux métriques, la quantité qui doit être annuellement expédiée de Bordeaux sur notre ligne. S'il y a excès pour l'une, le sucre, par exemple, il y a trop peu pour telle autre, comme la morue, dont le midi fait une ample consommation; ces deux différences s'annullent. Les denrées sur lesquelles j'ai pu recueillir des notions précises, officielles, sont le sel, le sucre et le café. Le département du Lot doit consommer 176 t. de sel, 904 t. 5 de sucre, et 122 t. 5 de café. Le même calcul peut se faire pour le riz, les épices, la morue, les autres poissons salés ou marinés dont Bordeaux est pour nous le seul entrepôt, et ces denrées forment encore un article d'environ 400 tonnes. Les besoins de l'Aveyron, ceux des arrondissements de Villeneuve doubleront ces quantités.

Quant aux matières tinctoriales, y compris les bois de teinture, on peut les fixer à un minimum de 50 tonnes pour toute la ligne.

Toutes les matières résineuses et les gommes nous viennent de Bordeaux; il en est de même de l'acajou et autres bois des îles pour la menuiserie.

Quant aux métaux, le plomb est un de ceux qu'il nous expédie en plus grande masse, ouvré ou en saumons.

Parmi les articles les plus recherchés de cette provenance, sont les huîtres et les poissons frais, que le tarif des chemins de fer impose à raison de 50 c. par tonne et par kilomètre.

Ajoutons-y les vins d'entremets de la Gironde, les divers crus de Médoc, Saint-Emilion, Haut-Bryon, les vins blancs de Grave et Sauterne, qu'il faudra bien finir par convertir en *champagne*, s'il n'y a pas moyen de faire autrement ; il y a là matière à expédition d'un millier de tonneaux par an, à répartir sur toute notre ligne, y comprises les liqueurs des Iles et celles de la Gironde, les eaux-de-vie de Marmande.

La cristallerie, les imitations de porcelaine de la maison Johnston, les glaces, les marbres ouvrés, les meubles, instruments de musique et de précision, les cotons en laine pour ouates ou en fil pour bas tricotés et autres articles de fabrique domestique, les toiles, coutils, etc., seront également ses tributaires.

Admettons que les draps, rouenneries, soieries, rubanneries et *nouveautés* nous viennent de Paris, ainsi que les modes et parfumeries, habillements confectionnés, bronze, orfévrerie, horlogerie, etc., etc.; ces objets suivront pour la plupart la ligne de Cahors à Bordeaux, parce qu'il ne sera indifférent pour personne de recevoir ses marchandises directement en vingt-quatre heures, ou de ne les recevoir qu'en deux jours, avec un transbordement inévitable. Il y a là encore matière à transport pour un millier de tonneaux par an.

Le plâtre de Lot-et-Garonne, de la Gironde, des deux Charente, fournira aux moins 500 tonnes au département du Lot, qui pourra demander à l'Aveyron le complément de cette consommation, destinée à s'accroître avec l'étendue de nos prés artificiels.

Si l'on veut bien remarquer que la consommation du sel doit nécessairement tripler si l'impôt exorbitant qui le frappe est réduit au tiers, comme je l'ai demandé au congrès agricole de 1845, en expliquant à la tribune que c'était là le seul moyen d'en amener une consommation générale pour la nourriture du gros et du menu bétail et l'assainissement des fourrages, et un emploi sobre et judicieux pour certaines terres, ou certaines plantes, qui ont besoin d'un renfort de principe alcalin; si l'on veut bien réfléchir à ce résultat inévitable d'une mesure éminemment philanthropique, qui ne nuirait nullement au trésor de l'état; l'on reconnaîtra que les marais salants des côtes de la Charente-Inférieure nous amèneront par Bordeaux, plus de 500 tonnes de sel, sans compter la fourniture des arrondissements de Villeneuve et Villefranche qu'on ne peut pas évaluer à moins de 500 tonnes, et celle de tout le département du Cantal, qui s'approvisionnera forcément par Villeneuve-Lacramade et Figeac.

Un autre article dont l'agriculture peut tirer un grand parti, est le guano, (la *colombine* des côtes d'Afrique et de la mer du Sud); celle de nos pigeons est insuffisante pour les cultures, du chanvre, du lin et des plantes potagères dans nos terres d'alluvion. Sans doute une partie du guano nous viendra par la navigation fluviale, mais ce qui en restera pour les propriétés éloignées de la rivière représentera encore plusieurs centaines de tonnes.

Je n'ai point parlé des fils de fer, tôles, ferblanc, quincaillerie de fer et d'acier, parce qu'il entre dans les destinées de Decazeville de nous fournir beaucoup de ces articles confectionnés, et dans celle de notre industrie d'exécuter les autres avec la matière première que Decazeville nous fournira; mais longtemps avant que notre industrie métallurgique en profite, le chemin de fer en question aura à transporter plusieurs centaines de tonnes de ces articles.

Par cette voie, Tours pourra encore nous expédier ses étoffes de soie, Angoulême ses papiers et ses toiles.

Supposons maintenant que le chemin de fer incline davantage vers Toulouse, et remplace le tronçon qui, dans les études du prolongement de Limoges, devait aboutir à Sainte-Livrade sous la Française ou à Valence. A la place des froments de la vallée du Lot, il apportera ceux de Tarn-et-Garonne. Au lieu de certaines provenances maritimes importées par Bordeaux, il apportera celles qui arriveront à Cette; au lieu des eaux-de-vie de Marmande, celles de l'Aude et de l'Armagnac; au lieu des objets fabriqués ou confectionnés à Bordeaux, ceux provenant de l'industrie toulousaine qui l'emporte sur sa rivale à certains égards. Les plâtres du Languedoc nous viendront à meilleur marché; les sels des côtes de la Méditerranée remplaceront, en Quercy, ceux des côtes de Saintonge; le Bas-Languedoc sera même amené par le rapprochement d'un vaste débouché, à exploiter ses mines de sel gemme.

Je ne saurais fixer le chiffre des voyageurs que Bordeaux nous enverra directement ou qui, par cette ville, arriveront de Paris ou des contrées intermédiaires. S'il n'est pas aussi considérable que de Bordeaux à Toulouse, il le sera cependant assez pour assurer un service régulier aux trois classes de wagons. Les populations riveraines du Lot se trouvent en ce moment dans le rayon d'attraction de la route de Bordeaux à Paris; comment celles du Rouergue n'y seraient-elles pas entraînées irrésistiblement à notre suite dès que ce ne sera plus un bateau à vapeur dirigé sur Tonneins, parti avant le jour, et voguant toute une journée, un transbordement ennuyeux, une nuit passée en voiture, mais une locomotive plus rapide que le vent, qui vous portera sans encombre, de Paris à Rodez, et vous ramenera de Rodez à Paris, le tout en trois jours, dont un pour vos affaires ou vos plaisirs!

Si le point d'arrivée se trouve plus rapproché de Toulouse, l'affluence sera encore très-considérable. Une partie de la population du centre, appelée dans le sud-est, se rendra à Cahors pour y prendre le chemin de fer. Le Limousin et l'Auvergne suivront invariablement cette route, au lieu d'aller à Bordeaux, ce qui serait beaucoup plus long et plus cher. Les voyageurs partant de Paris, cédant à l'attrait de varier leurs moyens de transport, prendront la diligence de Limoges à Cahors, reprendront la vapeur de là jusqu'à Toulouse, et n'auront en définitive que vingt-quatre heures de trajet par la voie ordinaire. Ce que le voyageur recherchera ici, c'est une riante vallée aboutissant à de magnifiques plaines.

Néanmoins l'aspect du pays sera plus varié dans la vallée du Lot. Elle s'élargit, en effet, à partir de Castelfranc, ses aspects sont plus agréables, les méandres de la rivière contournent de plus larges et de plus riches plateaux, les noires Cévennes plongeant dans le Lot s'y montrent plus rares, moins intraitables aux rails ; on peut d'ailleurs les éviter sans multiplier les ponts, en les tournant pour abréger la route; il ne s'agit que de bien choisir la rive où l'on se tiendra. Dès l'entrée dans le Lot-et-Garonne, le vallon se convertit en une plaine bordée d'un amphithéâtre de riches collines. Ce panorama, l'un des plus beaux de France, vaut assurément la peine d'être visité pour lui-même, et il le sera dès que l'on pourra faire en trois heures, à peu de frais, un trajet qui exigeait une journée. Rien n'éloigne davantage d'une excursion le citadin modeste et réservé, que la question qu'il a toujours à se faire : Chez qui iras-tu t'établir? Les stations multiplieront les auberges, et sur une foule de points les visites pourront sans inconvenance n'être que des visites.

Il y a 23 ans, avant les bateaux à vapeur de Tonneins à Bordeaux, quand on voulait s'y rendre commodément de Cahors, on allait à Montauban attendre les messageries de Toulouse. Les bateaux à vapeur ont nécessité un service journalier de Cahors à Tonneins, et si cette diligence avait deux fois plus de places, chaque jour elles seraient occupées. Un chemin de fer imprimera à la circulation des personnes sur ce fragment de la ligne, une impulsion plus active et d'un effet qui dépasserait nos calculs.

En résumé donc sur cette partie de nos observations, deux conditions essentielles se rencontrent sur le chemin de fer que nous sollicitons : populations et affaires.

Quelle que soit la direction suivie, cette ligne satisfera deux intérêts qui se prêtent un mutuel appui : celui des échanges, celui de la curiosité.

Abordons maintenant un intérêt sur lequel nous avons glissé, nous réservant de l'examiner de plus près.

CHAPITRE V.

Des richesses minérales des bassins de Firmi, d'Aubin et de Rodez. — Établissement de Decazeville. — Ses fabrications de rails, et ses nouveaux ateliers métallurgiques. — La canalisation du Lot décrétée dans son intérêt lui est insuffisante. — Des mines de plomb, argent et cuivre de l'Aveyron.

Les gîtes carbonifères du département de l'Aveyron étaient en 1801 énumérés en ces termes dans la statistique officielle de la France, l'astérisque indiquant les gîtes exploités :

« Agen, Bertholène, Bourran, Cantabre, Cransac, Saint-Sulpice *, La Mouline *, Combes, Firmi *, Fontaine, Saint-Georges de Lavancas *, Gourgoul, La Roque, La Trape *, La Salle * La Vaysse, Lavalesserie, Lavergne, Levignac *, Layssac, l'Hermies, Pailleret *, Pont-de-Camarès, Roux, Prévinquières, Recoules, Mejannel*, Saint-Rome-de-Tarn, Saint-Cernin, Vialaret. *Débouchés* : L'on s'occupe d'ouvrir de grandes routes, et l'on désirerait que la navigation du Lot fût prolongée en remontant vers sa source. *Produit annuel* en myriagrammes : 700,000 (7,000 tonnes). »

Ils sont divisés en trois bassins : celui d'Aubin inclinant vers le Lot, et comprenant les gîtes de Cransac, Firmi, Vialaret, Lassale, Bouquiez et Lévignac, Combes, Lavergne et Lerioumort, Lacaze, Scrons et Paleyret, quinze concessions, embrassant 3009 hectares ; celui de Rodez, Bertholène, Galtiez, Laplanque, Mejannel, etc., neuf concessions, 3,630 hectares ; enfin le bassin de Milhau, cinq concessions, entre autres, Creissels, Lacavalerie, Saint-Georges, etc., 2,555 hectares. Il faut y joindre celui de Saint-Gervais.

L'exploitation du bassin d'Aubin a pris un grand développement depuis 1830.

Sa production en tonnes métriques était en 1838 de	132,855
— — en 1843 de	143,921
Celle du bassin de Rodez était nulle en 1801	
— — Elle était en 1838 de	4,720
— — en 1843 de	5,200
Celle du bassin de Milhau, nulle en 1801,	
produisait........... .... en 1838	2,566
— — en 1843	2,661

Le bassin de Rodez a devant lui un brillant avenir, dès que cette ville aura un chemin de fer.

Le bassin d'Aubin absorbe presque toute sa houille, dans l'exploitation de l'immense usine de Decazeville ; mais il renferme plusieurs concessions non encore exploitées, dont les produits seraient utilement exportés dans le Lot et le Lot-et-Garonne.

L'Aveyron possède en deux usines 9 hauts fourneaux, 2 fineries, 32 fours à puddler, 10 fours à réverbère de chaufferie, presque tous dans Decazeville ; la seconde, qui n'a pas de hauts fourneaux, est d'un produit presque insignifiant à côté de celle-là.

Ainsi quand, pour être exacts, nous parlerons de la richesse métallurgique de l'Aveyron d'après les derniers documents statistiques de l'administration des mines, c'est de Decazeville spécialement qu'il s'agira.

En 1843, ces forges employaient 54,190 tonnes de minerai, 21,586 de fonte brute ou ferraille, 40,351 t.

de coke, représentant **88,700 t.** de houille, et **43,008 t.** de houille en nature.

La création de la fonte s'élevait à **17,920 t.**, la fabrication du gros fer à **12,214 t.** représentant sur les lieux une valeur de **3,653,636 fr.**

En **1844**, cette fabrication a pris une extension plus considérable ; à Decazeville elle est aujourd'hui spécialement appliquée à la confection des *rails* pour les chemins de fer.

Mais l'an dernier j'ai vu monter un immense atelier destiné à l'élaboration du fer sous ces formes si diverses qui en multiplient la valeur. Le fer transformé en instruments de travail agricole ou mécanique, façonné au point d'être immédiatement employé en matériaux d'architecture, en ustensiles domestiques, acquiert une importance commerciale qui doit faire rechercher les moyens de transport les plus rapides.

Si, par exemple, comme cela est probable, Decazeville devient constructeur de machines, la lente navigation du Lot avec ses circuits hérissés d'écluses, ne répondra pas à ce que leur transport exigera d'apropos et de célérité.

Aujourd'hui ses *rails*, expédiés au nord, sont cloués au rivage durant les basses eaux, malgré les écluses ; embarqués, ils perdent un temps précieux à se les faire ouvrir. Si cheminant vers la Garonne, ils allaient en chemin de fer jusqu'à Aiguillon, ou jusqu'à Villeneuve, l'extrême rapidité employée à les faire arriver à l'un de ces deux points ne compenserait-elle pas l'excédant de dépense résultant d'un transport où les heures remplaceraient les journées ?

La moyenne du fret de Cahors à Bordeaux est de 17 fr. la tonne; à partir de Lévignac, elle est au plus bas de 22 fr. Le transport du fer en barre et des fontes brutes en chemin de fer coûte pour 100 kilomètres et par tonne 16 fr.; il coûterait 22 fr. 50 c. sur notre ligne, à partir de Bournazel jusqu'à Agen, et 28 fr. à Fauillet sous Tonneins (175 kilomètres). A Agen ou à Tonneins de fortes gabares font un service régulier pour Bordeaux; la concurrence y rend le fret extrêmement modéré, de 10 à 6 fr. la tonne, suivant les distances. Ainsi pour un surplus de 10 à 14 fr., on conduit en moins de trois jours à Bordeaux, ne tonne de fer, qui aurait mis de douze à quinze jours à s'y rendre par le Lot. L'avantage, au moins dans le cas d'urgence, est évidemment en faveur du transport accéléré (1).

La compagnie du Creusot n'a pas seulement la Loire et le canal du centre, elle a une voie de fer qui prend ses produits aux forges et les mène au canal. Bientôt elle ira souder ses *rails* à ceux du chemin de fer de Paris à Lyon.

Les *rails* portent les produits des fonderies d'Alais à Beaucaire, à Montpellier, à Cette; ils les porteront bientôt jusqu'à Marseille, à Lyon et à Paris.

Decazeville ne saurait rester plus longtemps dans cette condition d'infériorité.

Se rattacher à Lévignac par une ligne de *rails* d'un

---

(1) M. l'ingénieur Andral, à qui j'emprunte le chiffre de 22 fr., de Lévignac à Bordeaux à la descente, a dû le prendre dans les traités faits pour les fers de Decazeville; les particuliers payant 17 fr. de Cahors à Bordeaux, doivent payer à partir de Lévignac plus de 22 fr. Quant à la réduction de ces droits à moitié, après l'ouverture définitive de la navigation du Lot, je la souhaite plus que je ne l'espère.

myriamètre, aboutissant au Lot, ce ne serait rien pour elle. Le Lot ne se prête au-dessus de Luzech à l'assiette d'un chemin de fer que par places très-rares; et au-dessous, ce n'est qu'à la condition qu'on le perdra quelquefois de vue.

Il est donc d'un haut intérêt pour la compagnie, que ses produits puissent arriver à Cahors et à la Garonne par une autre voie.

Nous réservons pour un chapitre spécial quelques réflexions sur le système appliqué à la navigation du Lot.

Quoi qu'il en soit de l'avenir réservé à ce système, le chemin de fer, objet de ce mémoire, peut rendre aux houilles du bassin d'Aubin et aux forges de Decazeville des services incontestables.

Cette ligne sera fort utile, ainsi que je l'ai indiqué, aux houilles du bassin de Rodez. Ce combustible avant d'arriver à Lévignac, a de 10 à 12 lieues à parcourir, et quoiqu'il soit dur et à courte flamme, ce qui fait qu'on ne l'emploie dans les feux de maréchaux qu'à défaut de houille grasse à longue flamme, néanmoins comme il rend 75 pour cent de coke, par la calcination à vase clos, au lieu de 65 environ, il serait avantageux de l'employer dans les usines qui marchent au coke, telles que Decazeville, ou dans les hauts fourneaux des vallées de la Masse et de l'Allemance. Ces dernières usines marchant au charbon de bois, concourent ainsi au déboisement de ces vallées, au double détriment de notre agriculture et de la navigabilité régulière du Lot. Dans tous les cas cette houille irait directement à tous les ateliers qui travaillent le fer, dans la région com-

prise entre le Lot, l'Aveyron et la Garonne, spécialement sur le parcours de notre ligne, et il pourrait s'en
écouler par cette voie le double de ce que le Lot, le
Lot-et-Garonne et le Tarn-et-Garonne en consomment
aujourd'hui.

Suivant le compte rendu de l'administration des
mines en 1839, la valeur créée par le transport de ce
combustible, dans chacun de ces départements, est,
frais accessoires compris, de 12 fr., 22 fr. 30 c. et
13 fr. 50 c. la tonne; et le prix de revient de 17 fr. 40 c.,
27 fr. 70 c. et 18 fr. 90 c. Dans la partie desservie par
le chemin de fer, en dehors de la vallée du Lot, à Lalbenque, par exemple, à 100 kilomètres du centre du
bassin de Rodez, le transport coûtera 10 fr. à raison
de 10 c. par tonne et par kilom.; il y aura donc économie de 2 fr. à employer cette houille à Lalbenque, de
7 fr. à Limogne, de 1 fr. à Castelnaud et à Cahors.
L'innavigabilité de l'Aveyron la forçant d'arriver par
notre ligne de fer jusqu'aux portes de Villefranche;
Saint-Antonin et Caylus la recevront moyennant 12 fr.
la tonne pour frais de transport, attendu le complément
de route à faire par roulage.

Ajoutons à ces frais la valeur de la houille au lieu
d'exploitation, cotée en moyenne à 5 fr. 40 c. la tonne
pour l'Aveyron. Elle arrivera sur le marché dans les
lieux que je viens de citer, à un prix de revient de 15 fr.
40 c. 13 fr., 16 fr. 40 c. dans le Lot, et de 17 à 18 fr.
dans le Tarn-et-Garonne. Enfin parvenue aux bords de
la Garonne par notre chemin de fer, à une distance sup-
posée de 190 kilom., et qui peut n'être que de 160
du centre de production, son prix de revient sera de

25 fr. 40 c. la tonne au lieu de 36 fr. 10 c., valeur assignée dans le compte rendu des mines (1839) pour le département de Lot-et-Garonne. Il est évident qu'à Castelnaud ou à Lauzerte, ou même à Villeneuve, le prix sera moindre. Avec une addition de 10 pour cent de bénéfice commercial, on restera encore au-dessous de la moyenne que nous avons fidèlement transcrite, comme émanant d'une autorité irrécusable.

La houille extraite des bassins de Rodez et d'Aubin vaut sur le lieu de production 5 fr. 30 et 5 fr. 40 c. la tonne ; celle de Saint-Étienne 6 fr. 8 c., celle de Carmaux (Tarn) 17 fr. 50 c., celle d'Argentat 11 fr. 50 c., de Terrasson 15 fr., du Vigan 21 fr. Dans les bassins houillers d'Angleterre, elle coûte 10 fr. Dans ceux de Belgique 12 fr. 50 c. Or la houille anglaise étend ses débouchés jusque dans le Lot-et-Garonne : elle paye par navire français 4 fr. 63 c. pour droits de douane, surtaxe de navigation et tonnage ; par bâtiment anglais 9 fr. 68 c. ; ajoutez-y 1 fr. 25 c. pour frais d'assurance, d'expédition, etc., et le fret réduit à 10 fr. par tonne. Elle revient donc à Bordeaux par navire anglais à 30 fr.

La part des navires français dans l'importation des houilles anglaises est inférieure de moitié à celle des navires britanniques ; ils ne pourraient pas la transporter dans la Gironde pour moins de 20 fr. la tonne. Cette différence tient à plusieurs causes ; il en est une officiellement constatée, c'est que le tonnage des bâtiments de commerce anglais est plus fort que celui des navires français. Voici en effet le relevé de l'administration des douanes pour 1844 (Moniteur du 26 juillet 1845) :

1844. Importation...		Bâtiment.
	Français.....	6,392
	Etrangers	10,072
		Tonnage.
	Français.....	677,066
	Etrangers .. .	1,337,789

On conçoit qu'un moindre tonnage, quand les frais de matériel et de personnel du bâtiment restent les mêmes, doit nécessiter pour les marchandises un taux de transport plus élevé. Ajoutons que nos navires coûtent plus cher à construire et qu'il faut retrouver dans le fret le prix de ce capital. Dans cet état de choses, il eût semblé plus rationnel de maintenir entre la France et l'Angleterre des droits de tonnage différentiels ; mais cette différence a été abolie par le traité passé en 1826 entre les deux puissances. Ainsi les navires anglais expédiés des possessions britanniques en Europe à la destination de la France ne payent que 1 fr. par tonneau, juste le même droit qui frappe les bâtiments français venant des possessions anglaises en Europe, tandis que les navires des Etats-Unis payent 5 fr., les navires danois 2 fr. 10 c.

N'est-il pas étrange que nous favorisions la marine anglaise aux dépens de la nôtre, par une égalité de droits qui profite principalement à la marchandise la plus encombrante de la Grande-Bretagne; à celle par conséquent dont le tonnage immense entretient à la mer le plus de bâtiments et de matelots, et devient ainsi l'école de marine la mieux peuplée et la plus redoutable à l'encontre de notre avenir comme puissance navale?

Cette espèce de souveraineté industrielle conquise par l'Angleterre ne nous fait pas vendre aux Anglais un litre de vin de plus, et elle tend à lui assurer la domination des mers.

6

C'est une faute à réparer. Il est temps d'y mettre pacifiquement obstacle, en revisant d'abord le traité de 1826, dont le terme va expirer ; en second lieu, en favorisant de tout son pouvoir la consommation des houilles françaises, là où les droits de douane sur les houilles anglaises sont les moins élevés, c'est-à-dire dans les bassins de la Garonne et de la Gironde.

Oui, comme M. l'ingénieur en chef Andral le dit avec une haute raison, dans son rapport du 14 août 1843, sur la situation des travaux relatifs à la navigation du Lot (1), « S'il fallait de nouveau combattre pour la » liberté des mers, le bassin houiller d'Aubin pourvoirait » sur une longue étendue du littoral de l'Océan, à tous » les besoins de la navigation à vapeur appelée à jouer » un grand rôle dans l'avenir. » Mais pour que le bassin d'Aubin puisse rendre ce service à l'état de guerre, il faut qu'il commence à le rendre à l'état de paix ; et il ne le rendra d'une manière permanente que lorsque le long plateau courant entre le Lot et l'Aveyron sera sillonné de rails et portera sur l'aile des locomotives, la houille et le coke dans tous les centres de consommation, situés entre Rodez, Montauban et Bordeaux.

Decazeville consomme sur place presque tout le combustible minéral dont les gîtes lui ont été concédés. Les nouvelles concessions ne sont faites, en général, qu'en faveur d'usines employant la houille. Il est donc fort important que l'état encourage l'exploitation en grand des houillères de l'Aveyron, pour les besoins gé-

(1) Rapport du 14 août 1843, sur la situation des ouvrages relatifs à la navigation du Lot, en amont de Cahors.

néraux de l'industrie métallurgique, de la marine et
même du chauffage domestique; le pays est assez riche
en combustible minéral pour y subvenir durant des
siècles. Mais, je le répète, les travaux de la navigabilité du Lot tels qu'ils ont été entrepris, et qu'ils seront
menés à fin, ne sauraient dispenser Decazeville de prendre
un vif intérêt à l'embranchement que nous proposons,
même pour l'exportation de ses houilles.

Examinons en peu de mots, sous un autre aspect,
la position industrielle de la compagnie. Supposons
qu'elle réserve exclusivement la navigation du Lot à
l'exportation de ses produits sur tous les marchés du
littoral, de Lévignac à Bordeaux, et qu'elle tienne peu
de compte de ceux échelonnés de Rodez jusqu'à Moissac Il est incontestable que nul ne peut lui disputer
l'approvisionnement en combustible de toutes les stations de notre voie de fer depuis Bournazel jusqu'à la
Garonne; nul ne peut lui disputer la fourniture exclu-
sive des rails qui doivent la couvrir. Cela fait sur une
double voie à raison de 140 tonnes de rails et de 40 t.
de fonte pour coussinets par kilomètre, pour 195 kilom.
(l'évaluation la plus forte), une fourniture de 28,000
tonnes de rails et de 8,000 tonnes de coussinets. Ajoutons-y 24 locomotives (le chemin de fer de Strasbourg
à Bâle en possède 29); l'outillage actuel de ses forges
est organisé en ce moment pour les construire.

La compagnie de Decazeville a donc, sous ce point
de vue encore, un intérêt manifeste à joindre ses sollici-
tations aux nôtres, en faveur de la ligne de Rodez à la
Garonne.

Depuis 1842 son bénéfice net a dépassé chaque année

1,000,000 fr. pour un capital social de 10,000,000 fr. Nous venons de voir combien notre chemin de fer doit augmenter ce bénéfice; il est donc naturel de supposer que la compagnie qui s'établira, soit pour l'entreprendre, soit pour l'exploiter, la trouvera au nombre de ses principaux actionnaires.

Il nous reste à dire, en quelques mots, comment Decazeville pourrait se rattacher au chemin de fer.

A la rigueur nous pourrions ne pas nous en préoccuper, et laisser à ses ingénieurs le soin d'aborder, du bas de la vallée, le faîte qui sépare Aubin et Cransac, par des *rails* ou par des charrois ordinaires. Mais nous sommes convaincus de l'impossibilité de descendre des hauteurs de Rodez au fond de la vallée du Lot, et de la suivre à travers ses nombreuses sinuosités sans multiplier les ponts, les tunnels, les voies taillées dans le roc, en un mot tout ce qui rend une pareille entreprise ruineuse, c'est-à-dire impossible. Il faut donc, dès à présent, indiquer ce qui à nos yeux est praticable.

La première pensée qui se présente quand on sait qu'aux Etats-Unis on gravit la chaîne des monts Alléghanis à l'aide de machines fixes qui servent aussi à descendre le versant opposé, c'est de les appliquer à monter de Decazeville au plateau de Cransac. Si toutes les houilles du bassin devaient s'écouler par cette voie, l'expérience mériterait d'être tentée; mais la majeure partie est destinée à profiter de la navigabilité du Lot, malgré ses lenteurs; on cherche alors un moyen d'arriver moins coûteux, et l'on est amené à se prévaloir de l'exemple offert par le chemin de fer de Saint-Etienne et d'Andresieux à Roanne. Là les houilles et les fers roulent sur des

pentes qui à la Querillière, à Neulize, à Buis, varient
de 0ᵐ03 à 0ᵐ 05 par mètre (les deux plans inclinés
de Neulize ont 2,200 mètres de longueur, en sens in-
verse). Sur un plan incliné analogue, les wagons
chargés par Decazeville graviraient la hauteur, à l'aide
de chevaux ; arrivés sur le plateau, un ou deux chevaux
de renfort seraient dételés, et l'attelage réduit à moitié
amènerait le convoi à la station, où il serait remorqué
par les locomotives, soit isolément, soit accrochés aux
wagons partis de Rodez. Sur les routes ordinaires, il
y a une énorme déperdition des forces du cheval, par
le frottement des roues contre le sol, et surtout par la
pression qu'exerce le chargement de la voiture sur un
sol plus ou moins résistant. Superposez au sol de la
route, deux ornières de fer saillantes en ligne droite,
sur lesquelles s'engréneront les roues, et vous réduirez
à une proportion infiniment moindre la pression et le
frottement ; un cheval suffira alors, là où il en aurait
fallu cinq, et dans les montées on n'aura plus besoin
que d'atteler aux wagons le supplément de force nécessaire pour vaincre la résistance résultante de l'inclinaison ascendante, et cela avec une vitesse double de celle
employée sur les routes ordinaires.

Nous nous sommes convaincus de cette vérité, en
parcourant l'année dernière le chemin de fer de Roanne
à Saint-Étienne, dans un convoi de deux wagons traîné
par trois chevaux à la montée, par un cheval en plaine,
et abandonné aux lois de la pesanteur dans les trois
descentes dont nous venons de parler.

Enfin, si l'on se bornait aux charrois ordinaires pour
atteindre le plateau situé immédiatement au-dessus

d'Aubin, on pourrait encore, de ce point jusqu'à la station que nous supposons établie à Bournazel, créer un embranchement d'un myriamètre, servi par des chevaux ou par des locomotives, ce qui nécessiterait, il est vrai, entre Aubin et Cransac, un dépôt des houilles et des fers destinés à l'exportation par le chemin de fer.

J'ai dit quelques mots de l'avenir réservé au département de l'Aveyron, comme producteur de plomb, de cuivre, de galène argentifère, d'antimoine; je ne terminerai point ce chapitre sans faire ressortir l'influence de notre ligne de fer sur les progrès ultérieurs de cette industrie.

D'après le compte rendu de l'administration des mines en 1844 (Statistique des mines, p. 102 et 103), six filons de mines, à plomb, cuivre et argent, ont été concédés dans l'Aveyron, à Nègrefol, Corbière, Minier, Creyssels, Pichiguet et Villefranche. Beaucoup d'autres gîtes ont été découverts dans le pays et restent à concéder.

Voici dans quels termes s'exprime à ce sujet le rédacteur officiel de la statistique :

« Il existe dans le département de l'Aveyron un grand nombre de gîtes métallifères dont quelques-uns ont été, dans ces derniers temps, l'objet de sérieuses recherches.

» Ces mines dont les principaux groupes se trouvent dans les vallées de l'Aveyron et du Tarn, aux environs de Villefranche et de Millau, contiennent de la galène riche en argent, de la pyrite de cuivre, de la blende, et, en moindre proportion, le plomb phosphaté, le cuivre corbonaté bleu et vert, le cuivre oxidé, le cuivre natif, le cuivre gris, la bournonite, la calamine, etc.

» Les mines du Rouergue furent exploitées sur une grande échelle avant et pendant la domination romaine; les travaux interrompus après la chute de l'empire romain furent repris avec une grande activité, du dixième au seizième siècle, à l'aide de mineurs appelés à cet effet des pays étrangers où florissait l'exploitation des mines; elles produisirent alors une grande quantité d'argent et déterminèrent la création des hôtels des monnaies de Rodez et de Villefranche. Les travaux interrompus pendant les guerres de religion qui désolèrent ces contrées n'ont pas été repris depuis cette époque. Dans ces derniers temps seulement, le conseil général du département, et surtout une compagnie formée dans ce but, ont entrepris d'importantes recherches qui donnent lieu d'espérer que cette contrée redeviendra bientôt un centre important d'industrie minérale. »

La statistique de 1801 indique en ces termes les mines de cuivre découvertes et susceptibles d'être exploitées dans l'Aveyron :

« Le bois de Tourneville, canton de Rignac; Ribardies, montagnes de Poulières; Lacabrière, commune de Saint-Christophe ; les Hermets, entre Saint-Christophe et Firmi ; montagne de Ponac, montagne de Moméji, commune de Marcillac; la côte de Poux, commune de Gautrens ; Saint-Sauveur ; *lou camp des Cuns* ou l'Argentière, commune de Viala ; les environs de la Trivalle, route de Sainte-Affrique à Saint-Sernin; château de Montaigu, commune de Coupiac. »

Comme simple mine de plomb elle signale la Cazote, les bains de Sylvanes, le Minier.

Ajoutons à cette nomenclature deux filons d'anti-moine sulfuré dans la concession de Pichiguet et Ville-franche, un gite de mercure près de Saint-Paul des Fonds, canton de Sainte-Affrique, mêlé au calcaire ju-rassique qui forme le plateau de Larnac et aux marnes argileuses qui sont à la base de cette formation : enfin une mine d'alun déjà concédée.

Ce qui a manqué jusqu'ici à l'exploitation de ces ri-chesses minérales, c'est moins le capital nécessaire que les hommes spéciaux dressés par l'expérience à l'exer-cice du métier, et les moyens de transport convenables des matières premières, du combustible, des instru-ments de travail, aux usines à fonder, et des produits obtenus par ce travail jusqu'aux marchés industriels où ils sont façonnés pour notre usage.

Dans ce but, les routes ordinaires ne remplaceront jamais les chemins de fer. Le charroi de ces matières exige, en effet, un matériel de voitures, de chevaux et un supplément d'ouvriers qui augmente sensiblement le fonds de roulement de ces entreprises. Si l'on a re-cours à des tiers pour opérer ce transport, on est à leur merci. Je ne parle pas ici du roulage régulièrement or-ganisé, dirigé par des commissionnaires dignes de toute confiance, mais de ces charretiers de circonstance qui, offrant leurs services dans l'intervalle de leurs travaux agricoles et même à prix inférieur, sont d'autant plus chers que, pour ménager leur bêtes ou sous ce prétexte, il mettent le plus de temps possible à charrier à une distance donnée la marchandise qu'on leur confie.

Avec des chemins de fer, on n'a besoin que d'une chose, c'est de porter la marchandise à la station la plus rapprochée du lieu de sa production naturelle ou de sa fabrication. Elle arrive chaque jour à heure fixe, sous la responsabilité imposante sinon de l'état, du moins des capitaux consacrés par millions à ce mode de transport, moyennant un prix invariable par kilomètre parcouru.

Quoi de plus rassurant pour la spéculation engagée dans ces grandes opérations métallurgiques où il ne faut donner au hasard que ce qu'on ne peut lui refuser, c'est-à-dire le secret que notre globe recèle dans la profondeur de ses entrailles, et qu'il laisse à peine deviner à sa surface !

Voilà précisément en quoi la ligne que nous appelons de nos vœux, si utile aux bassins houillers de Rodez et d'Aubin, aux fonderies et forges de Decazeville, sera précieuse pour rendre aux mines de cuivre, de plomb, d'argent, d'antimoine, que possède le Rouergue, cette prospérité abandonnée depuis deux siècles et demi, et dont naguère encore il ne restait de traces que dans les batteries de cuivre, en permanence sur quelques points de l'arrondissement de Villefranche.

CHAPITRE VI.

Du système adopté pour rendre le Lot navigable. — Barrages éclusés, dangereux dans les grosses eaux pour les propriétés riveraines. — Nécessité de multiplier les digues longitudinales pour garantir les terres d'alluvion. — Comment discipliner le régime des eaux du Lot? — Des retenues d'eau dans les vallées supérieures. — Du parti que l'agriculture en pourrait tirer pour les irrigations. — Funestes résultats du déboisement des montagnes. — Reboisement, etc.

Dans ce que nous allons dire, rien ne portera atteinte au mérite et au talent hautement reconnus de MM. les ingénieurs et au zèle éclairé de MM. les conducteurs. Les travaux relatifs à la navigabilité du Lot ont été habilement conçus sous le rapport de l'art, sévèrement surveillés, exécutés avec soin.

Ce système de navigabilité n'a pas été créé, il a été renforcé ou complété par l'administration des ponts et chaussées.

Les travaux en cours d'exécution pour le perfectionment de la navigation du Lot ne sont que le complément des ouvrages existants précédemment, est-il dit dans le compte rendu de la situation des travaux au 31 décembre, par M. le ministre des travaux publics (1841, p. 319) Ce système est très-vieux, car il date de la construction des moulins sur le Lot, antérieure pour presque tous à l'an 1563. Les barrages étaient nécessaires à ces moulins ; on fit des barrages avec perthuis à seuils élevés ou passe-liz au-dessus de Cahors, là où la navigation exceptionnelle avait pour objet, aux eaux volantes une ou deux fois par an, de faire descendre de la montagne la provision annuelle de charbon de terre, bois de chauffage et merreins ; avec écluses, dans le Lot inférieur commençant à Bouziez, et le long des pays de vignes où le besoin d'en transporter les produits jusqu'à la mer exigeait une navigation moins rare.

Dans l'origine, ces barrages n'étaient qu'un moyen d'alimentation des moulins. La navigation profitant des eaux amassées par eux, s'exerçait occasionnellement par les perthuis ou les écluses.

Comme système appliqué à assurer une navigation permanente, les barrages éclusés ne la rendent praticable qu'à la condition de la retarder en raison directe de leur multiplicité. Là est l'inconvénient ; mais il vaut mieux posséder une navigation sujette à des lenteurs, que de ne pas en avoir du tout.

Ce système ne convient pas à toutes les rivières ; il est bon pour celles qui, *solidement encaissées* d'ailleurs, manquent, sur beaucoup de points, d'un volume d'eau suffisant, à cause des barres, des hauts fonds, d'une pente fréquemment excessive, circonstances qui ne permettent pas à la rivière d'offrir en tout temps et partout à la navigation le volume d'eau qui lui est indispensable.

Les barrages ont pour but d'établir des crues d'eau artificielles là où c'est nécessaire, au moyen de la retenue qu'ils opèrent ; la destination des écluses est de descendre au niveau inférieur ou de remonter au niveau supérieur. Ainsi autant de nappes d'eau ou biefs distincts qu'il y a de barrages, autant de niveaux différents qu'il y a d'écluses.

Ce système est fort ingénieux ; mais l'assiette de la

vallée du Lot, ou, pour être plus clair, la constitution des terrains qui forment ses rives et le régime des eaux du Lot s'y prêtent-ils sans correctifs?

« La pente totale du courant de Lévignac à Cahors est, sur 110 kilomètres, de 64 m. 71, ou 0 m. 60 c. par mètre. La largeur moyenne de la rivière est de 100 m.

» Le volume des eaux du Lot a été évalué à 12 mètres cubes par seconde, pendant le plus bas étiage, et à 16 pour l'étiage ordinaire.

» Lors des crues ordinaires qui s'élèvent sans débordement de 2 m. 50 à 4 m. 60 au-dessus de l'étiage, le Lot débite de 1,000 m. à 2,000 m. d'eau par seconde. Le produit de ses plus grandes crues, qui est de 9 m., paraît aller jusqu'à 5,500 m. Au moment de la crue de 1833, qui a atteint une élévation de 8 m., il s'écoulait par seconde, à Cahors, environ 4,000 mètres d'eau. »

C'est en ces termes que M. l'ingénieur en chef Andral caractérise le régime de la rivière dans son lumineux rapport du 1er août 1843 (Annuaire du Lot, 1844, 2e part. p. 55).

Dans presque tout son cours le Lot présente un serpentement continuel; les presqu'îles s'y multiplient surtout dans la région moyenne de Lévignac à Libos, tantôt larges, à courbe régulière, plus souvent à forme heurtée ou à col rétréci, comme à Capdenac, Cahors, Luzech, Puy-l'Évêque.

Partout dans cette région la vallée se produit ainsi : à droite la montagne, suivie d'un plateau composé de terres d'alluvion inclinant insensiblement jusqu'à la

berge en général assez basse ; on dirait une corbeille
de pampres, et d'épis dont la nymphe *Olda*, dans
ses langueurs d'été, caresse les verdoyants contours.
En face l'ombre sévère du tableau: c'est la cévenne
abrupte aux flancs arides, sillonnés par les orages où
l'onde assoupie masque çà et là des gouffres sous la
roche qui surplombe; puis à l'angle de ce mur calcaire
une autre oasis d'alluvion à courbure élégante faisant
face à une autre montagne. La cévenne ne succède pas
toujours au plateau inférieur de la vallée; des plateaux
supérieurs alternent parfois avec lui, mais leur base
rocheuse plonge à son tour dans le Lot. Ils ne sont que
les gradins d'une montagne qui s'étale couverte de
vignes partout où les détritus calcaires ont permis de
planter un cep, et qui semble projeter ses flancs en ar-
rière pour donner à la vallée plus d'air et de soleil.

Nous savons tous que la terre d'alluvion, la plus précieuse dans nos pays, n'est qu'un limon sablonneux que
les grosses eaux charrient et déposent insensiblement.
Aussi comme elle forme le sous-sol de nos rivages, et
n'offre dans ses molécules aucune agrégation analogue à celle des argiles, grès, etc , comprend quelle
prise a sur elle le choc direct du courant, ou l'action
indirecte des remous.

Chacun sait combien les crues d'eau sont communes
dans la vallée du Lot. Après trois jours de fortes pluies
dans la montagne, les biefs artificiels s'engorgent, et
les remous provenant des barrages deviennent mena-
çants pour les terres d'alluvion supérieures, dont ils af-
fouillent les berges. Les barrages nouveaux rendent
moins souvent les eaux *volantes*, suivant l'expression

du pays, mais les rendent volantes avec plus de dom-
mage pour les rives contre lesquelles le torrent vient
se heurter directement ou par contre-coup. Construits
en effet pour relever le niveau des eaux, ils n'ont pas le
privilége de hausser le plat fond des vallées. Aussi telle
crue inoffensive autrefois est-elle aujourd'hui une inondation pour la vallée du Lot, d'autant plus fatale que
chaque barrage précipite la nappe d'eau qui le déborde.

J'ai vu de mes yeux les ravages des derniers débor-
dements au-dessous de certains barrages, notamment
sous Pradines, et entre Saint-Géry et les Masseries.
J'ai entendu de nombreuses plaintes sur les effets désastreux de ce système, et elles m'ont affermi dans la pensée d'appeler le vœu public sur une autre voie. Si ces
plaintes ne sont point exagérées, combien les illustres
fondateurs de la compagnie de Decazeville ne regret-
teront-ils pas de n'avoir pas offert au gouvernement
l'exemple des compagnies houillères de Saint-Etienne
et d'Andrézieux, l'une ouvrant de longs tunnels, l'autre
gravissant des montagnes sur des rails pour porter
leur charbons vers le Rhône et la Loire !

Si les griefs des riverains sont outrés, ils n'en ont
pas moins un fondement réel.

Lorsqu'on exhausse le niveau d'une rivière, on est
forcé de relever ou du moins de consolider en même
temps son rivage. Ce travail ne doit pas être à la charge
des riverains. Le système de consolidation et celui des
barrages doivent marcher ensemble, ils s'enchaînent
comme la cause à l'effet.

« Mais la faute en est au régime capricieux du Lot? »
Je réponds qu'avant de songer à multiplier les écluses,

le gouvernement eût fait une chose éminemment utile en faisant étudier le régime de la rivière, non pas seulement d'Aiguillon à Lévignac, mais jusqu'à la source de ses principaux affluents, le Cellé, la Trueyre, le Dourdon. Là, par exemple, on eût examiné s'il était possible de convertir certains vallons profondément encaissés en de grands réservoirs qui, dans l'été, auraient fourni au Lot un débit d'eau suffisant et se seraient remplis en hiver, comme le bassin Saint-Ferréol et ceux qui alimentent les grands canaux d'irrigation de la Lombardie et du Piémont.

Ces réservoirs n'auraient pas dispensé de faire des travaux de canalisation; mais peut-être ces travaux auraient été moins dispendieux, auraient nécessité moins de barrages et d'écluses, et permis plus de canaux de dérivation, opération dont l'avantage est incontestable dans tous les systèmes.

En supposant l'un de ces réservoirs rempli, les crues extraordinaires feraient déborder l'excédant; puis cette réserve, écoulée à l'aide de robines ou déversoirs pendant l'étiage, concourrait à donner à la rivière la tranche d'eau qui lui manquera souvent en été malgré ses barrages éclusés.

Ici, il ne s'agit pas seulement de favoriser la navigabilité d'une rivière et de diminuer dans l'intérêt des riverains la masse de ses afflux torrentiels et les ravages de cette irruption; il s'agit en même temps de l'amélioration d'une branche essentielle d'agriculture qu'il serait fort à souhaiter que le bassin du Lot pût seconder dans notre département, comme il le peut dans l'Aveyron et dans la Lozère. Je m'explique :

L'arrondissement de Rodez compte 25,625 hectares de prés naturels, et celui de Villefranche 10,010. (Un tiers de ces prés gît dans les cantons de Conques, de Bojouls et de Marcillac, et dans ceux d'Aubin et d'Asprière, appartenant aux bassins du Lot.) Celui d'Espalion 24,077; celui de Marjevols 19,540; celui de Mende 13,000. La moitié de ces derniers appartient au bassin du Lot, ceux d'Espalion et de Mende aux bassins du Lot et de Trueyre. Voilà donc 60,000 hectares environ de prairies, dont le produit pourrait être doublé par l'irrigation, si au moyen de retenues habilement opérées en hiver, ou à la fonte des neiges, on avait le bon esprit de ménager une pente suffisante à l'arrosement des près, par les eaux surabondantes condensées en étangs dans la partie supérieure de certaines vallées.

La disposition du sol des vallons dans le bassin du Lot se prête aux rigoles d'irrigation qui descendraient d'un étang artificiel où les eaux supérieures auraient été amassées. Les propriétaires riverains, dans chaque vallée sillonnée d'un ruisseau torrentueux, pourraient s'organiser en syndicats, sous le contrôle des ingénieurs du département, pour établir ces lacs artificiels. Ils auraient le droit d'en profiter pendant la saison des irrigations, chacun dans une proportion déterminée; mais à la charge de rendre l'eau à son cours naturel, et en outre de currer les étangs à des époques déterminées, sauf à utiliser la vase pour l'amendement des terres. Les sacrifices que leur coûterait cet établissement auraient le double but de multiplier le revenu de leurs prairies, et partant celui de leurs bestiaux, en services d'exploitation, en fumier, en croît, en laitage et définitivement en viande de boucherie, en suif et en cuir, et de garantir les propriétés riveraines des afflux torrentiels.

Ainsi quelques réservoirs pour alimenter le Lot en été, d'autres plus nombreux dans un intérêt spécial d'irrigation des prés, corrigeraient le mal à sa source en disciplinant, si j'ose le dire, les eaux de cette rivière. Leur volume cesserait d'être aussi désastreux qu'aujourd'hui, pendant les crues extraordinaires, et serait beaucoup moins maigre en été.

A ce premier remède, il faudrait en joindre un autre ; c'est le reboisement des montagnes.

Le simple bon sens nous apprend que lorsque le sol est couvert de grands arbres, la terre est retenue par leurs racines, reste perméable à la pluie, et s'améliore par les dépouilles des bois que chaque automne y amoncelle et qui finissent par y former une couche de terreau. Plus la pente des montagnes est raide, plus il faut veiller à y maintenir les bois ; si vous les mettez à nu, il est évident que la terre n'y étant retenue par rien, sera entraînée dans les bas-fonds à la moindre averse.

Dans cet état de choses, vous ne retrouvez plus dans les montagnes qu'une masse aride de rochers. Les pluies qui, pénétrant sous le dôme des bois, s'infiltraient dans le sein de la terre et venaient s'y réunir pour former des sources, ou ce qu'on nomme vulgairement des *pleurs*, à la berge du ruisseau, ces pluies tombant maintenant sur un sol aride et nu, s'évaporeront immédiatement si elles sont peu abondantes ; sinon

7

elles rouleront en masse aux flancs des montagnes, et
pour peu que le lit des ruisseaux et des rivières ait une
pente torrentueuse, vous aurez à subir dans la saison
des orages et à la fonte des neiges d'effroyables inondations, tandis que vous manquerez d'eau en été.

Un fait remarquable signalé par M. Boussingault
(*Economie rurale*, t. 2, p. 3) vient à l'appui de cette
observation. La vallée d'Aragua dans le Venezuela
(Amérique du sud) est disposée de manière à n'avoir
aucune issue vers l'océan; les eaux accumulées au fond
de la vallée forment le beau lac de Valencia, ayant dix
lieues de long sur deux et demie de largeur.

En 1800, à l'époque où M. de Humboldt visitait la
vallée d'Aragua, les habitants étaient frappés du désse-
chement graduel que subissait le lac depuis une tren-
taine d'années. En effet, il suffisait de comparer les des-
criptions données par les anciens historiens, pour recon-
naître que les eaux s'étaient considérablement abaissées.
Ainsi *Nuova-Valencia*, fondée en 1555, à une demi-
lieue du lac, se trouvait, en 1800, éloignée du rivage
de 5,260 mètres (près d'une lieue et demie); l'aspect
du terrain apportait d'ailleurs de nouvelles preuves....
Les savants du pays supposaient qu'il s'était formé une
issue souterraine des eaux vers l'océan. M. de Humboldt fit justice de ces hypothèses, et après un mûr
examen des localités, ce célèbre voyageur n'hésita pas
à voir la cause de la diminution des eaux du lac dans les
nombreux défrichements qui avaient eu lieu depuis un
demi-siècle dans la vallée d'Aragua. « *En abattant les
arbres qui couvrent la cime et le flanc des montagnes,
dit-il, les hommes sous tous les climats préparent*

aux générations futures deux calamités à la fois : un
manque de combustible et une disette d'eau. (Humbolt, t. v, p. 165 à 573.)

« Vingt-cinq ans plus tard , dit M. Boussingault,
j'explorais à mon tour la vallée d'Aragua. Depuis plusieurs années les habitants avaient fait la remarque que
non-seulement les eaux du lac avaient cessé de diminuer,
mais qu'elles avaient subi une hausse très-sensible.
Des terrains naguère occupés par des plantations de
coton étaient submergés, etc. Dans les vingt-cinq ans
qui venaient de s'écouler, de graves événements politiques s'étaient accomplis. Venezuela n'appartenait plus
à l'Espagne. La paisible vallée d'Aragua avait été le
théâtre des luttes les plus sanglantes, les esclaves avaient
abandonné les grandes cultures , et la forêt si envahissante sous les tropiques eut bientôt repris une grande
partie du terrain que les hommes lui avaient arraché
par plus d'un siècle de travaux. Ainsi, lorsque les défrichements se multiplient, le niveau du lac baisse graduellement ; plus tard les défrichements s'arrêtent, les
terres occupées par la grande culture sont rendues à la
forêt ; alors les eaux cessent de baisser, et bientôt elles
prennent un mouvement ascensionnel non équivoque. »

M. Boussingault fait la même observation à l'égard
du lac d'Ubate, dans la Nouvelle-Grenade, et il constate ensuite que des lacs autour desquels aucun déboisement n'a eu lieu, n'ont éprouvé aucun changement
dans leur niveau ; il rapporte les observations de M. de
Humboldt, au sujet des lacs de l'Asie centrale, confirmant l'influence de la culture sur la diminution des eaux.

Enfin, le célèbre agronome s'appuie des observations

faites par Saussure, sur les lacs de la Suisse. Il en résulte que les trois grands lacs de Neufchâtel, de Brients et de Morat étaient réunis en un seul bassin, et que depuis douze ou treize cents ans, les eaux courantes ont diminué graduellement dans les contrées voisines du lac de Genève, ce qu'il explique par les immenses défrichements qui ont eu lieu dans ces contrées.

Ces défrichements ont continué dans le bassin du Rhône supérieur, et dans le département de l'Ain, surtout au penchant des montagnes; il en est résulté que le Rhône, assez maigre en été, offre dans les grandes crues des inondations désastreuses pour tout son littoral, et dont nous avons eu d'affreux exemples, notamment en novembre 1840.

Le retour trop fréquent de cette calamité depuis quelques années a éveillé la sollicitude de nos plus savants agronomes. Tous sollicitent des lois sévères contre le déboisement, surtout aux versants des montagnes; tous appellent de leurs vœux de nouvelles plantations de bois et des encouragements efficaces pour les semis forestiers, et pour l'aménagement des bois le mieux entendu en vue de leur conservation.

Ainsi, digues protectrices de nos rives d'alluvion, aménagement des eaux affluentes au Lot pour l'irrigation par des retenues faites dans les situations les plus convenables, et reboisement des montagnes surtout dans l'Aveyron et la Lozère : tel est le meilleur, tel est le nécessaire complément des travaux en cours d'exécution pour la navigabilité du Lot.

CHAPITRE VII.

Observations sur la direction de notre ligne d'après les données fournies par les hauteurs du plateau formé par les chaînons descendus de la Lozère énoncées par M. Colomès. — Direction forcée sur Cahors. — Double direction à partir de Cahors suivant l'hypothèse de l'adoption de la ligne de Limoges à Toulouse, par Cahors ou par Castelfranc; prolongement vers la Garonne, et sur quels points.

M. l'ingénieur Colomès, dans son rapport, décrit ainsi, sous le point de vue de la hauteur au-dessus de la mer, la chaîne montueuse qui sépare le Tarn et puis l'Aveyron, de la vallée du Lot.

« Ce chaînon, dit-il, p. 41 de sa lettre à M. le préfet du Lot, du 22 août 1843, ce chaînon part du pied de la Lozère, vis-à-vis Hispanhac ; il a 1,100 mètres au-dessus du niveau de la mer. Bientôt après il forme l'espèce de causse qui sépare le Lot et le Tarn supérieur, pendant neuf lieues environ, et se bifurque, chemin faisant, pour former le bassin de l'Aveyron.

» Lorsqu'il arrive aux sources de la Serre, affluent de ce dernier, il a encore pour altitude 830 mètres ; mais bientôt il s'abaisse rapidement à la côte 660 m. et constitue pendant 6 lieues environ le contrefort étroit qui règne entre le Lot et la Serre, jusqu'aux bois de Bouvines, près Gabriac, où il présente encore une altitude de 650 m.

» Là il forme un vaste plateau entre Villecontal et Rodez, qui le conduit à 8 lieues à l'ouest, aux sources du ruisseau de Marcillac, où il est encore à 600 m. au-dessus de la mer.

» A partir de ce point jusqu'à Villeneuve, qui n'a plus que 408 m. pour altitude, le faîte se distingue assez difficilement du pays qui l'environne; il passe entre les divers affluents du Lot et de l'Alzou, qui viennent y entrelacer leurs sources et sans descendre plus bas que 390 m., altitude qu'on trouve aux dépressions de la Bourrelie et de Saint-Igest.

» Bientôt après on arrive sur l'immense plateau qui reigne sous le nom de Causse de Villeneuve à Lalbenque; là le faîte peut encore moins être remarqué, et dans cette longue étendue de 12 lieues, il serait difficile d'indiquer quelque dépression notable ou quelque partie évidemment saillante ; on n'aperçoit qu'une vaste ondulation, qui après s'être abaissée jusqu'à 325 m. près de Savignac, se retrouve à 406 m. aux environs de Vidaillac, pour revenir à 300 près de Rescoussiés et enfin à 268 à Lalbenque.

» Mais dans toute cette région pas un col qui se laisse distinguer.

» Ici seulement, à l'ouest de Lalbenque, une dépression générale que l'œil aperçoit quelque peu et qui est formée par un relèvement lointain du faîte vers la Bastide-Marnhac, où il atteint encore 310 m. de hauteur.

» Ce n'est qu'aux environs de la Bastide qu'il se dessine quelque peu en feston, pour former à la côte 280 le col du Clusel, rendu sensible à l'œil par le voisinage du mamelon de la Pélissière, dont l'altitude est de 315; immédiatement le faîte descend à 290 pour remonter encore à 300, et revenir bientôt après au moulin de Trebay à la côte 285; à partir de là on n'a plus qu'un sol aplati, se prolongeant presque sans accident topographique, et s'abaissant insensiblement qu'à 13 lieues à l'ouest, près de la Roque-Timbaut, où il a encore 200 m. pour altitude. C'est en persévérant dans cette faible déclivité jusqu'aux environs d'Aiguillon, et en s'abaissant alors plus rapidement, qu'il va disparaître sous la Garonne.

» Ce chaînon présente peu de cols, peu de mamelons, à peine quelques points plus élevés, quelques dépressions insignifiantes, mais une inclinaison générale et tout au plus, dans deux ou trois occasions, quelques dentelures qui n'excèdent jamais 40 pieds du plus haut au plus bas. La ligne de ce faîte offre la plupart du temps un dos aplati; on dirait une série de plateaux reliés entre eux par de hautes chaussées, toujours assez peu accidentés pour que le rattachement ne soit pas impossible.

» Ces trois remarques m'ont conduit à la pensée de pénétrer par cette espèce de plateau prolongé jusqu'aux départements de l'Aveyron et de la Lozère, en rattachant cet embranchement important au point même où la ligne de Paris à la Garonne viendrait traverser le faîte.

» Mes explorations générales me démontrent déjà que cette pensée est réalisable jusqu'à Roussenac, et me laissent espérer qu'avec quelques efforts on parviendrait peut-être à atteindre le plateau de Gajac, si voisin de Rodez. Là c'est encore pour longtemps une vaste plaine qui permettrait de se rapprocher de Mende, et même d'y arriver par le Lot supérieur, aussitôt que les progrès de l'art auront permis des courbes plus courtes, pouvant se plier aux sinuosités qu'on y rencontre, notamment entre les deux Sallèles et les environs de Balsiéges.

» Inutile de faire ressortir l'intérêt qui s'y rattache ; inutile de montrer l'avantage inappréciable d'aller toucher, pour ainsi dire, le riche bassin houiller d'Aubin, de se rapprocher d'une part de Figeac et de toute la contrée qui l'environne , de l'autre de Villefranche et de tout le bassin de l'Aveyron, de pénétrer enfin au cœur de ce vaste pays, que le réseau général des voies de fer de la France chercherait vainement à aborder par une autre voie. »

Je pourrais me borner à cette citation. Mais je crois devoir, fort de l'autorité de M. Colomès, et la carte topographique de Cassini sous les yeux, établir en amateur le tracé provisoire de l'embranchement de Rodez à Cahors.

Supposons que la hauteur du plateau, coté à Gayac à 600 m., n'est pas inférieure à ce chiffre, au point où Rodez domine l'Aveyron, de Rodez à Saint-Igest, coté à 390 m., il y a 43 kilom. à employer au rachat de 210 de différence ; mais le plateau inclinant légèrement vers l'Aveyron en partant de Rodez, nous aurons moins de 600 m. et par conséquent moins de pente à racheter à Saint-Igest et surtout à Villeneuve.

Le faîte s'abaisse à Savignac à 325. Il faut donc trouver une hauteur moyenne entre Saint-Igest et Savignac, qui, sans nous éloigner de Villeneuve, nous laisse sur les bords du plateau entre ce bourg et Villefranche, car une station rapprochée de Villefranche est nécessaire.

Nous voici dans le département du Lot. A Vidaillac

le plateau se relève et forme une crête à 406 m. Il faut rechercher si on ne trouverait pas au nord de cette commune une plaine moins élevée qui nous rapproche de Limogne ; il importe en effet, ainsi que nous l'avons démontré, que Limogne ait une station. Ici de légères ondulations de terrain rendent inévitables des tranchées dans le calcaire, des courbes tournant des mamelons ; puis nous retrouvons le plateau en ligne droite à Varayre, Bach et Veylats, et jusqu'à Lalbenque coté à 268 m. au-dessus de la mer ; différence à partir de Saint-Igest 122 m. sur environ 40 kilom. à racheter par une pente moyenne de 0^{m}003 c. par mètre.

De Lalbenque jusqu'au pied du mamelon de Ventaillac le niveau s'abaisse. Il se relève un peu entre le Baylou et la tuilerie, et forme un faîte de 2 kilomètres au pied duquel Granejouls ouvre le vallon de Cezac. Il se relève entre le vallon de Saint-Remi et les sources du Lendou. A la Bastide le mamelon a 310 m., à une autre entrée du vallon de Saint-Remi, le mamelon de la Pélissière en a 315 entre ces deux points culminants ; le col du Cluzel n'en offre que 280.

Si l'on pouvait faire abstraction de Cahors et de la côte du Lot, il serait facile, à l'aide de courbes de 500 m. de rayon et de tranchées, de tracer une ligne de Lalbenque au Baylou, à Granezouls, Cezac, Lauzerte et la Magistère. La route de fer cheminerait ainsi jusqu'à la Garonne presque aux portes d'Agen, sans tunnel, sans même rencontrer, jusqu'à Lauzerte, d'autre pont de ruisseau que la traversée du Lendou sous Lescabanes.

Mais, raisonnant dans l'hypothèse où le chemin de fer de Limoges à Montauban passerait à Cahors et

suivrait de là le vallon de Quercy jusque sous le Bayloú,
le chemin par le vallon de la Lutte et celui par le
Lendou et la Barguelonne feraient double emploi. Ils
iraient parallèlement à deux lieues de distance l'un de
l'autre ; il faudrait donc en supprimer un, et ce serait
sans doute celui qui s'éloignerait le plus de la direction
du midi.

Dans ce cas, l'embranchement se bornerait à arriver
de Lalbenque à l'entrée du tunnel du Baylou sous la Trevesse. Cette position est bonne pour une station, mais
non pour un point d'intersection aussi important que
le nôtre. Il faut nécessairement arriver de Rodez, Decazeville, Villefranche et Figeac, jusqu'à l'entrée de
Cahors, et par conséquent utiliser le vallon de Quercy
pour ce chemin comme pour le prolongement de Limoges.

Mais par où serait alors la continuation de l'embranchement sur la Garonne? Serait-ce par la crête calcaire
qui sépare les deux bassins de la Garonne et du Lot,
jusqu'à la Roque-Timbaut, par Trebaix, Couloussac
et de la Roque-Timbaut à Aiguillon? Le plan s'incline
trop rapidement. Faudrait-il à Saint-Matré s'engager
dans l'une des deux vallées qui se réunissent sous Tournon, et se prolongent de là jusqu'à Penne?

Dans cette hypothèse on n'aura qu'un tronçon jeté
sur Cahors, à moins de trouver aux portes de cette ville
un vallon qui puisse nous ramener sur le plateau que
nous avons quitté. Parti de Lalbenque à 268 m., nous
pouvons arriver à 220 m. aux portes de Cahors. Telle
est la hauteur du niveau du Lot sous cette ville. Pouvons-
nous de 230 m. arriver à 300 à la sortie du vallon de

Saint-Remy, sous la Pélissière, de manière à suivre ensuite le plateau jusqu'à Saint-Mâtre? Pourrons-nous ensuite redescendre sous Tournon?

Quoi qu'il en soit, nous ne pouvons pas abandonner la côte du Lot, dont nous avons détaillé les ressources pour une voie de fer, sans avoir appelé de sérieuses études sur la possibilité de l'y asseoir.

A l'entrée du faubourg Saint-Georges, s'ouvrent à l'ouest plusieurs vallons: d'abord celui de Fontanet, arrêté dans son développement par le chaînon qui va plonger ses deux bras dans le Lot, sous le nom de Pech-d'Angély, et de Cevennes de Douelle. Au versant opposé, s'ouvre sous le mamelon de Trespoux une des branches du vallon, de Douelle. On ne peut se servir du vallon de Fontanet que pour percer un tunnel afin d'entrer par Douelle dans la vallée du Lot. Ce tunnel, sous la Maurinie, n'aurait pas moins de 1,500 m.

De Douelle au hameau de Sels, la route est facile; mais pouvons-nous de là aller joindre le ruisseau de Parnac, et puis Luzech, dont il faudra traverser l'isthme par deux ponts liés au moyen d'un tunnel de plus de 100 mètres?

De Luzech nous pouvons aller presque en droite ligne à Albas. Nous sommes pourtant arrêtés par un coude qui se présente, il est vrai, à l'abord de cette station, ce qui permet de ne lui donner que 300 mètres de rayon. Nous pouvons aller d'Albas à Belaye par le plateau d'Anglas.

Belaye est adossé à une montagne plongeant sur le Lot; il est facile de la prendre à dos au moyen d'un tunnel dans l'une des branches du vallon de Grezels. De ce village à Issoudel, on n'a plus qu'un défilé aux bords du Lot en face du Meuré, exigeant une courbe analogue à celle d'Albas.

D'Issoudel, station de Puy-l'Evêque, le chemin va directement à Vire; de là à Touzac, où il faudra encore un tunnel de courbure. De Touzac on côtoie le Lot jusqu'en face de Soturac; on va de là en ligne droite par le plateau de Montayral à Saint-Vite, en face de Libos.

A partir de là, on descend presque en droite ligne sur Aiguillon par Mondoulens, Penne, Blagnac, Ville-neuve et Sainte-Livrade.

Le seul point difficile, c'est d'arriver dans la vallée du Lot en perçant le noyau calcaire dont Trespous est le point culminant.

A défaut du vallon de Fontanet, ne pourrait-on pas suivre celui de Saint-Remi? Ce vallon ayant 8 kilom. de développement, permettrait d'arriver à celui de Douelle par une des branches du vallon de Rassiel, ou bien à celui de Saint-Vincent par un second tunnel, sous Cournon; mais ne vaudrait-il pas mieux se servir pour cet objet du vallon de Fontanet? Par cette dernière voie on abrégerait sensiblement la route.

Le passage par le vallon de Saint-Vincent dispense-rait d'ailleurs de construire les travaux fort coûteux de Luzech; mais ne pourrait-on aussi les éviter en passant par Douelle?

Le vallon de Saint-Remi est parfaitement situé pour nous mener, par un tunnel, au-dessous du mamelon de la Pélissière, dans le vallon de la Barguelonne à Saint-Martial, Saint-Pantaléon, Saint-Daunès, Montcuq,

Lauzerte, etc., ou bien par un tunnel sous la Bastide-Marnhac, dans celui du Lendou par Lescabanes, Saint-Cyprien, Saint-Laurent, Lauzerte, etc.

Supposons que le chemin de fer de Limoges à Valence par Castelfranc soit décrété ; au lieu d'un tunnel sous Castelsagrat, il serait plus économique d'en faire deux à la suite l'un de l'autre ; l'un entre Fargues et Lasbouygues, l'autre entre Lasbouygues et Saint-Daunès.

Le vallon de Saint-Remi servirait alors de communication entre Cahors et le midi, par la Barguelonne, où l'on rencontrerait la route de Limoges à Valence.

C'est à messieurs les ingénieurs qu'il appartient de répondre aux indications que j'énonce sans être assisté ici par les études de M. Colomès ; mais ayant toujours sous les yeux la carte topographique de Cassini, et dans ma mémoire le souvenir assez fidèle des localités que j'ai parcourues. Évidemment, mes observations ont pour unique but d'indiquer les études à faire sur les lieux même.

Le tracé à étudier partirait du vallon de Fontanet et marcherait ainsi :

Un tunnel entre Linas et Mériguet, Blay et le ruisseau de Douelle, Sels, la rive opposée à la presqu'île de Caix, le port de Luzech, deux ponts et un tunnel, Albas, le plateau d'Anglars, Belaye.

Si l'on suit le vallon de Saint-Remi, un premier tunnel sous la Gentillade et le vallon de Rassiels jusqu'à Douelle.

Si l'on pouvait cotoyer le Lot de Douelle à Saint-Vincent, le tracé irait par Roquecave, Albas, Belaye, puis un tunnel sous Belaye, Grezels, Issoudel, Vire, Touzac, Port-d'Orgueuil, Montayral, Saint-Vîte sous Libos, Mondoulens, Penne Villeneuve, etc.

La longueur des tunnel dans le calcaire serait par Douelle de 1,600 m., par Saint-Vincent de 3,000 m., mais aussi point de ponts sur le Lot. Les ponts par ruisseaux sont de 5 à 7 depuis Cahors jusqu'aux limites de Lot-et-Garonne. Ils sont beaucoup plus nombreux sur la rive droite.

Quant à un chemin de fer sur la rive droite, je le crois impraticable jusqu'à Castelfranc. Nous avons le rocher qui sépare Saint-Mary de la plaine de Regourd; les coudes formés aux ponts de Campagne et de Toulousque et au roc de Peyret, la cévenne de Mercuès, le rocher des Bouisses, l'isthme de Cessac, les cévennes de Caillac, de Parnac, de Caix, de Castelfranc. Il faudrait donc emprunter pour aller à Castelfranc le tracé de M. Colomès, de Cahors à Nuzejouls, arriver par un tunnel sous Catus et suivre le ruisseau du Verd jusqu'à Castelfranc. Ce chemin est beaucoup plus long et plus cher que celui par le vallon de Douelle, Luzech ou Saint-Vincent : 32 kilomètres au lieu de 28. Arrivé à Castelfranc, si l'on veut rester sur la rive d'oite, il faudra établir deux quais fort longs sur le Lot, l'un s'étendant jusqu'au plateau de Prayssac, l'autre en face de Pescadoire, jusqu'au vallon formé par le ruisseau de Loupiac. Ici on ne peut plus songer à monter pour redescendre en tournant Puy-l'Evêque. Dès lors serait-il possible de poser des rails au-dessous de la route actuelle devant Pescadoire, pour se tenir au niveau du ruisseau et border d'un troisième quai la rivière depuis l'entrée de Puy-l'Évêque jusqu'au moulin de Courbenac?

De ce point jusque Soturac, le chemin peut se tenir sur la rive droite, sauf à passer sur la rive gauche, à quelques pas au-dessus du *moulinet*, pour ne plus la quitter.

Le parcours total par Catus et la rive droite jusqu'au moulinet, depuis la chapelle de Saint-Julien jusqu'aux portes de Cahors, est de 50 kilomètres.

Le parcours par Douelle ou Saint-Vincent, et par la rive gauche jusqu'au moulinet, est, à partir du même point, de 42 à 44 kilomètres, suivant les tracés.

Les populations traversées sur la rive droite sont plus nombreuses que sur la rive gauche ; mais aussi la rive gauche offre des stations assez rapprochées de Luzech, de Castelfranc, et par lui, des cantons de Catus, de Prayssac, de Puy-l'Évêque, Duravel et Soturac, pour qu'on puisse, avec des bacs solides, maintenus par des trailles, traverser la rivière en toute saison, excepté deux ou trois fois par an, en cas d'inondation.

A Sainte-Livrade un pont sur le Lot et un tunnel de 500 m. mèneraient notre ligne par la vallée du Lédat jusqu'à la rencontre du chemin de fer de Bordeaux à Toulouse à Fauillet, 2 kilomètres au-dessus de Tonneins. Cette section desservirait Monclar et Castel-Moron, et économiserait aux voyageurs sur Bordeaux 13 kilomètres de route.

La longueur de notre ligne provisoirement échelonnée par station serait :

De Rodez à Bournazel............ 25 kilom.
— à Saint-Remi sous Ville-
   neuve. 22
— en face de Limogne..... 24
— à Lalbenque.......... 18
— à Cahors............. 12

101 kilom.

De Cahors à Luzech par Douelle... 16 kilom.
— à Foirac sous Belaye.... 7
— à Issoudel sous Puy-l'E-
   vêque 9
— au Moulinet sous Soturac 12
— à Saint-Vitte sous Libos. 6
— à Penne............. 14
— à Villeneuve.......... 9
— à Sainte-Livrade...... 9
— à Aiguillon.......... 22

104 kilom.

205

Variante: de Sainte-Livrade Fauillet
au-dessous de Tonnens........ 21   204

Entre Rodez et Limogne peut-on, en ligne droite,
racourcir de 4 kilomètres? Ceci réduirait à 200 kilomètres le parcours entier par la côte du Lot.

Kilomètres.

De Cahors à Valence par Montcuq ou Saint-
Laurent.   60

Ou bien de Cahors à l'embouchure de la
Saône entre le Magistère et Agen, par Montcuq,
et un tunnel au-dessous de Lauzerte.   67

De l'embouchure de la Saône jusqu'à Aiguillon par la ligne de Bordeaux à Toulouse.   35

TOTAL. . .   102

Ainsi à partir de Cahors, même distance que par la
côte du Lot.

Ainsi dans le cas où le prolongement de Limoges n'aurait pas lieu par Cahors sur Montauban, la ligne qui

des portes de Lauzerte irait joindre la Seonne serait la plus courte pour se rendre à Agen ; si le prolongement s'opérait par Castelfranc et la Seonne, elle lui emprunterait environ cinq lieues de parcours.

Dans cette éventualité, comment ne pas chercher à aboutir plus directement de Cahors à Castelfranc? et de là, à aller joindre par la vallée du Lot le point de la Garonne le plus rapproché de Bordeaux ?

Mais restons dans l'hypothèse où le prolongement de Limoges n'aurait pas lieu, ou bien s'opérerait sur Bordeaux seulement.

Je ne reviendrai pas sur ce que j'ai dit du mouvement des personnes et des marchandises, dans la vallée du Lot. On a dû remarquer combien il importe de rattacher intimement l'opulent bassin de Villeneuve à celui de Cahors. Le reste de la vallée du Lot est moins riche, mais sa riante fertilité nous fait vivement désirer qu'une voie de fer puisse, des portes de cette ville, venir l'aborder par le détour le moins long et le moins difficile.

Sous une forme positive qu'on voudra bien excuser, je n'ai, dans les tracés provisoires dont une carte est jointe à cet écrit, entendu soumettre à MM. les ingénieurs que des questions. C'est à eux de les résoudre ; mais il est urgent de les étudier, pour qu'un avant-projet, soit produit et livré à la publicité, lorsqu'à la rentrée des chambres, le projet de loi sur le chemin de fer de Bordeaux à Toulouse leur sera soumis à l'état de rapport.

Les questions à résoudre ressortent des aperçus que j'ai hasardés dans le chapitre qu'on vient de lire.

8

A mes yeux quatre points sont hors de contestation :

1° Un chemin de fer de Rodez par les plateaux touchant à Lalbenque est praticable ;

2° Il doit passer à Villeneuve la Cramade et à Limogne, ou le plus près possible de ces deux points ;

3° Il doit arriver de Lalbenque aux portes de Cahors ;

4° Il doit se continuer, si c'est possible, dans deux directions ; le sud-ouest sur Moissac, le nord-ouest par Villeneuve-d'Agenais sur Tonneins.

Je dis, si *c'est possible financièrement* et *matériellement.*

Ici l'incertitude commence.

Mais elle n'existe pas à mes yeux, pour la descente à la Garonne, par l'un des affluents directs de ce fleuve, quant à la possibilité matérielle et au bon marché.

Je ne puis que m'en référer aux hommes de l'art relativement à la possibilité du tracé qui le conduirait aux bords du Lot, soit sur Douelle en prenant à dos son intraitable cévenne, soit sur Saint-Vincent par la même direction, soit sur Castelfranc par les vallées de Calamane et du Verd, soit sur Grezels par la direction opposée, soit directement sur Tournon, Penne et Villeneuve.

Il me reste néanmoins quelques observations à faire sur la nature des terrains à exproprier, et sur l'économie probable que l'on ferait dans les frais de terrassement et de travaux d'art, suivant les tracés.

CHAPITRE VIII.

Aperçus sur les dépenses probables de la ligne en question, d'après les
détails estimatifs de M. Colomès, sur celle de Limoges à Valence. —
Achats de terrains, fouilles, remblais, enrochements, tranchées, etc.,
suivant les directions à suivre.

Depuis la Trévesse ou le Baylou, points entre lesquels passe la route royale n° 20 de Caussade à Cahors,
jusqu'à Bournazel, il y a dix-huit lieues de crête calcaire, dont moitié environ en friche, semées de mau-
vaises brousailles. La valeur de cette moitié-là est à peu
près nulle. L'évaluer à 200 fr. l'hectare, c'est exagérer
de beaucoup. L'autre moitié est meilleure; ce sont des
plateaux plus larges, déprimés sur quelques points, ou
bien des têtes de vallon où se montrent quelques champs
de blé, ou de maïs, des bouquets de bois de chêne ou
de châtaignier, quelques lambeaux de prés ou de luzernières. Tout cela est largement payé en moyenne
1,500 fr. l'hectare, y compris le tiers en sus pour con-
venance et pour la dépréciation *éventuelle* du sol envi-
ronnant que nous supposons réelle.

De Bournazel à Rodez, comme nous nous tenons
toujours sur la hauteur, nous avons tout lieu de croire
que le sol est à peu près le même; c'est la région des
seigles qui y règne spécialement. Affectons-en un tiers
aux friches, ou pacages calcaires, le reste à la culture:
et nous serons généreux, en maintenant dans ces proportions les prix de 200 fr. et de 1,500 fr. l'hectare.

De la Trévesse au fond du vallon de Quercy, nous
sommes forcés de descendre par une pente insensible;

nous trouvons à l'entrée et dans le trajet de deux ou trois dépressions latérales des terres labourables d'un meilleur rapport, puis des bois ou des vignes. Enfin dans le vallon de Saint-Georges, ce sont des prés et des terres propres au tabac. Sur 8 kil., prenons-en 6 de terrains à 4,000 fr. l'hectare et le reste à 8,000 fr. jusqu'à la chapelle de Saint-Julien. Nous arriverons aux portes de Cahors, avec une dépense que j'évalue ainsi :

D'après M. Colomès, chaque mètre courant de la ligne de Limoges à Valence représente 24 m. 86 c. à raison du sol occupé par la chaussée, des emprunts et des retroussements.

Notre ligne suivant un plateau dont il suffira d'adoucir les 3 gradins, nous pouvons hardiment supprimer la fraction 0,86, inutile d'ailleurs à l'assiette de la double voie, comme nous le verrons tout à l'heure.

Nous avons donc :

	Mètres.	Evalués en moyenne.	L'hectare.
Friches et landes........	1,224,200	27,384 fr.	200 fr.
Terres arables 3e qualité..	1,128.000	225,600 —	1,500 —
— 2e qualité..	144,000	57.600 —	4,000 —
— 1re qualité.	48,000	38,400 —	8,000 —
2 hectares terres de jardin, pour les embarcadères de Cahors et Rodez.............		20,000 —	10,000 —
	2,544,200	368,984	

Pour le second tracé, supposons la direction par la vallée du Lendou ou de la Barguelonne et par la Seonne (2 variantes), parcours 67 kilom.

J'échelonne ainsi les prix : dans les sommités de la vallée : 9 kil. terre médiocre ou vignes de coteaux; dans les deux versants de la vallée de Saint-Remi et de

celle de Lescabanes, ou de Saint-Martial : terre supérieure ; de là à Luzerte : terre forte, mais plus fertile
en blé dans le vallon de la Seonne ; enfin riche terreau
dans la plaine de la Garonne.

Sol pierreux............	216.000 m.	32,400 fr.	1,500
Vignes de coteau........	108,000	32,400	3,000
Bas fonds de 3e qualité...	444,000	153,400	3,500
— 2e qualité...	384,000	153 600	5,000
— 1re qualité..	384.000	192,000	
	1,536,000	565,600	

Par Douelle et la vallée du Lot.

Ou bien par les vallons de Saint-Remi, Sauzet et
Grezels :

Vignes de coteau............	480,000 m.	124,000 fr.	3,000
Terres ou prés médiocres......	192,000	48,000	2,000
Terres fortes entre Castelmoron et Fauillet, ou au pied des collines, 30 kilomètres....	720,000	252,000	3,500
Terre d'alluvion de la vallée du Lot....................	960,000	480,000	5,000
Bas-fonds pierreux, 3 kil,.....	72,000	14,400	2,000
	2,424,000	918,400	

Plus on remonte le Lot, plus on entre dans la région des terres de prix ; à moins de se tenir constamment au pied des montagnes, ce que leur disposition
parmi les méandres de la rivière ne permet pas.

Le chemin de Bordeaux à Toulouse doit avoir une
double voie ; le nôtre, destiné à le prolonger, doit se
trouver dans les mêmes conditions, au moins pour les
terrassements, sauf à ne poser d'abord qu'une voie.

Le cahier des charges, relatif au chemin de fer de
Bordeaux, s'exprime ainsi, article 4 :

« Sa largeur en couronne est fixée pour deux voies à

8 m. 30 c. dans les parties élevées, et à 7 m. 40 c. dans les tranchées et les rochers, entre les parapets des ponts et dans les souterrains. La largeur de chaque voie entre les bords intérieurs des rails devra être de 1 m. 44 c. à 1 m. 45 ; le reste est pour la distance entre les deux voies et les accotements. »

Nous avons donné 24 m. de largeur aux terrains à prendre ou à emprunter sur toute la ligne ; nous avons donc supposé des remblais et des déblais sur une surface qui, de Rodez à Cahors, devrait être de 2,544,000 mètres.

Ce chiffre est exagéré ; en effet, la configuration et l'assiette du terrain sont tels, que sur les trois plateaux échelonnés à pente presque uniforme de Rodez à la route royale n° 20, on n'a en beaucoup d'endroits qu'à épierrer le sol, le battre et encaisser les dés, qui doivent porter les coussinets, tant la nature a pris soins de niveler le terrain.

Il y aura des emprunts à faire pour cheminer d'un gradin à l'autre du plateau, ou bien pour se hausser au-dessus des dépressions accidentelles ; mais presque toujours ce sera aux dépens des tranchées qu'on viendra d'ouvrir, tranchées dont le profil, combiné avec la pente à donner au chemin de fer, se réduira à une hauteur insignifiante sur la plupart des points. La terre, ou plutôt la pierre de la tranchée ouverte, formera la levée inférieure, et les emprunts faits latéralement à la route se borneront à la compléter.

Dans le tracé de M. Colomès, j'aperçois sur 5,255,741 m. expropriés, une masse de fouilles s'élevant à 9,930,867 m. 35 c., ce qui suppose par mètre

carré un cube moyen de 1 m. 9 de fouilles environ, évalué après foisonnement. Sur la ligne de Rodez à Cahors le cube des fouilles moindre : soit 1 m. 5. La
fouille comptera plus de terre ou tuf de coteaux et
hauts-fonds à 30 c. , que de calcaires proprement dits
grossiers, crétacés ou autres, évalués en moyenne à
1 fr. 80 c. ; il est probable que le prix moyen des fouilles
ne dépassera pas 1 fr. le mètre cube, après foisonnement, soit 3,816,000 fr.

Le transport aura lieu au brouettage pour la terre
ou pierraille, le long des côtés de l'assiette même du
chemin, la pierre devant servir de *ballast* à la voie,
c'est-à-dire, tenir lieu de son ensablement dans le
double bout d'emboîter les rails et d'éponger le terrain, ainsi que cela s'est pratiqué sur le chemin de fer
de Paris à Orléans, sur le plateau de la Beauce. Il n'y
aura lieu à transport par wagons, sur des rails provisoires, que pour la pierre et les terres provenant de
tranchées, et conduites sur le terrain inférieur à tenir en
remblais pour l'assiette même du chemin, à l'endroit des
dépressions du sol. La charge au tombereau sera nécessaire là seulement où la disposition du terrain forcera de
voiturer la matière extraite en dehors de la ligne, à une
plus grande distance que la portée économique du brouettage, et autant que possible sur le champ où l'on devra
l'utiliser.

Quant aux travaux d'art, ils seront peu considérables
sur les plateaux. Là point de ponts de rivière, et seulement deux ponts de ruisseau dans le vallon de Quercy.
Quant aux ponts viaducs, ils seront probablement plus
rares que dans la moyenne de nos chemins de fer ordi-

naires, puisqu'il y a plus de chances de multiplier les passages à niveau.

Nous pouvons conjecturer, d'après les études de M. Colomès sur la disposition du plateau de Rodez à Lalbenque, que cette partie du chemin sera moins coûteuse de quatre septièmes par kilomètre, que le prolongement de Limoges. N'oublions pas que cette partie forme la moitié environ du tracé, par la vallée du Lot, et près des deux tiers par la Barguelonne.

A partir de Cahors, à l'entrée du faubourg Saint-Georges, l'œuvre est plus difficile.

Si nous voulons déboucher en amont d'Agen, il faudra choisir la montagne dont la base s'avance le plus dans le vallon de Saint-Georges, et dont le versant offre le moins de gorges transversales ou d'angles rentrants, à moins que le seuil de ces gorges ne soit au niveau de la hauteur à laquelle le chemin doit être assis.

Même observation quant au vallon opposé.

Sous ce rapport, la branche du vallon de Lescabanes, qui remonte au col de Clusel au pied du château de Regagnac, me paraît bonne en ce que, fournissant la percée la moins longue, elle permet d'arriver au bassin du Lendou en côtoyant un versant uniforme. De là à Lauzerte, l'on n'a plus à faire que deux ou trois ponts sur ruisseau ; il en est de même du bassin de la Barguelonne jusqu'à Montcuq; au-dessous les ruisseaux ou rigoles transversales se multiplient dans ce tracé.

Les terrassements les plus coûteux auront lieu sur le bassin du Lot, et jusqu'à ce que l'on arrive au fond de celle des vallées tributaires de la Garonne qu'on aura choisie; au bout de 10 ou 12 kilomètres, tout deviendra facile et régulier.

En somme les 67 kilom. à faire de Cahors à la Magistère ne coûteront autant que les 100 de Rodez à Cahors, qu'à raison des ponts à construire et du percement de deux tunnels dont la longueur peut se réduire à 2 kilom. et à 3 au plus, suivant le tracé choisi.

Dans la vallée du Lot, abordée à Saint-Vincent, la partie la plus coûteuse consistera dans les enrochements et dans 3 kil. de tunnel. Si l'on prend à dos la vallée du Lot jusque sous Grezels, il en faudra la même étendue, débitée en trois ou quatre percées, ce qui sera plus aisé à exécuter; mais dès qu'on entre dans la plaine de Montayral, les terrassements et travaux d'art sont très-faciles; là point de ponts sur le Lot, si l'on ne veut qu'aboutir à Aiguillon, et 18 ponts sur ruisseau presque tous dans le Lot-et-Garonne.

Enfin, si l'on tente d'aborder à Douelle par le vallon de Rassiels, les tranchées seront moins difficiles, à partir de ce village; mais après la percée sous la Maurinie, il faudra ouvrir en tranchée jusqu'au-dessous du village de Flottes, et après une première percée sous le hameau de Sels et deux courbes au rayon de 300 m., heureusement praticables à la station de Luzech, établir deux ponts sur le Lot et un tunnel les liant l'un à l'autre. Quelque économie qu'on y mette, ce travail augmentera sensiblement la dépense totale; la percée sous Belaye y ajoutera au moins 500,000 fr.

Quoi qu'il en soit, ce que j'ai voulu indiquer ici, sans prétendre nullement me poser en ingénieur, c'est que l'ensemble des travaux à faire sur notre ligne me paraît,

dans l'état actuel de la science, moins coûteux que ceux
de la ligne de Limoges, quelque direction que l'on
suive, à partir de Cahors, parmi les trois que je viens
d'indiquer, et que la dépense moyenne par kilomètre
peut être restreinte de beaucoup, j'oserai même dire de
moitié au-dessous des 250,000 énoncés dans le devis
de M. Colomès pour le prolongement de Limoges sur
Castelfranc ; et pourtant j'ai compris la nécessité d'un
travail exécuté avec soin, et j'ai tenu compte de l'emploi des murs de soutènement, viaducs, parapets, ponts
sur ruisseau et tunnels, d'après les détails empruntés à
l'honorable ingénieur.

CHAPITRE IX.

Observations générales sur les avantages de l'embranchement en question, pour la compagnie qui soumissionnera la ligne de Bordeaux à Cette, comme pour l'état ; c'est là une dette du gouvernement envers la région qui s'étend de la Lozère à l'Océan. — Moyens d'économiser sur les frais de terrassement. — Emploi de l'armée aux grands travaux d'utilité nationale. — CONCLUSION.

Ainsi qu'on vient de le voir, le *minimum* de longueur de la ligne de Rodez à la Garonne sera de **160** kilom. (40 lieues), le *maximum* de **204** k. (51 lieues).

Faut-il abandonner au seul esprit de spéculation une ligne aussi étendue, et nous tenir pour battus en présence des observations recueillies dans ce Mémoire, s'il n'y découvre pas au premier aperçu une excellente affaire ?

Les spéculateurs demandent des résultats formulés par des chiffres. « Combien l'affaire coûtera-t-elle ? — Combien doit-elle rapporter ? » Tels sont les deux questions stéréotypées en tête de tous leurs programmes de négociation.

Combien l'affaire coûtera-t-elle ?

C'est au génie civil à nous l'enseigner. S'il vérifie sur les lieux, d'une part ce que les études d'un de nos ingénieurs les plus distingués lui ont appris, de l'autre, ce que mes souvenirs et nos meilleures cartes topographiques m'ont fait pressentir, il pourra soumettre aux spéculations privées un devis assez modéré pour déterminer leur adhésion.

Quant au rapport probable de cette ligne, les données statistiques dont je me suis étayé peuvent être facilement coordonnées, rectifiées, s'il y a lieu, et aboutir à une somme de produits à mettre en balance avec les frais d'établissement et d'exploitation.

Mais ils doivent l'être au chef-lieu de chaque département, par les autorités dépositaires, canton par canton, des documents statistiques les plus précis sur la circulation des marchandises et des hommes.

Il est toutefois une dernière considération que toute compagnie concessionnaire de la ligne de Bordeaux à Toulouse appréciera.

Le projet de loi qui l'a proposée a énoncé un embranchement sur Castres. Ce n'est point là le dernier mot du gouvernement.

Relativement à Bordeaux, le point de soudure de cet embranchement est presque un point extrême. Il a lieu, en effet, entre Montauban et Toulouse, et le chemin passe de la vallée du Tarn dans celle de l'Agout, pour aboutir au sud-est au pied de la montagne Noire. Si on veut mettre en communication directe Castres et Toulouse, il faut même partir de cette ville pour se diriger sur Lavaur. Dans ces deux hypothèses, à quel système rattacher les départements du Lot, de l'Aveyron, la partie méridionale du Cantal, la partie occidentale de la Lozère? Non-seulement quatre-vingt-six lieues de pays entre Limoges et Montauban seront privés de chemin de fer; mais il n'en existera aucun depuis les Cévennes jusqu'à l'Océan, et jusqu'au Pyrénées dans la direction de l'est au sud-ouest? Une pareille lacune est impossible.

Le chaînon courant de la Lozère à la Garonne est

parfaitement connu ; sa croupe, à peu près uniforme depuis les portes de Rodez, se prête admirablement à l'ouverture d'une ligne transversale. Le point de partage des eaux du Lot et de la Garonne offre à deux lieues environ de Cahors des côtes si traitables, ouvrant des vallées d'une pente si douce, qu'après avoir un instant plané sur elles on se dit : c'est par là qu'il faut aller joindre la Garonne et les Pyrénées.

Voyons, en effet, la direction de ces vallées. Celles de la Barguelonne, de la Seonne et du Lot aboutissent en face du Ratz, du Gers et de la Bayze ; ces trois dernières vont en ligne droite prendre leur source aux Pyrénées, l'une par Nérac, Condom et Mirande, l'autre par Lectoure et Auch.

Sans avoir la prétention d'arriver en Espagne par ces vallées, on peut du moins les considérer comme destinées à lier à Bordeaux et à Agen, les deux villes qu'on peut considérer comme le chefs-lieux du département du Gers. C'est donc au débouché de l'une de ces trois vallées, qui font face à leurs sœurs de l'autre rive de la Garonne, c'est là que la topographie indique qu'il faut croiser l'un des fils du réseau de chemin de fer. En d'autres termes, le réseau liquide formé par la nature entre ces grands cours opposés à la Garonne, indique qu'il faut en choisir un pour y substituer au courant de la rivière l'impulsion de la vapeur. Tôt ou tard cette disposition providentielle des lieux sera intégralement utilisée ; l'essentiel est de commencer.

Ici, comme dans la question de navigation fluviale, il y a solidarité entre le département du Lot et celui de l'Aveyron, bien qu'à un moindre degré. Évidemment

l'intérêt d'arriver par un chemin de fer aux portes
d'Agen, de Moissac ou de Tonneins, est aussi grand,
aussi pressant pour l'un que pour l'autre, avec cette
différence toutefois que l'Aveyron aura pour but spécial
d'échanger ses richesses minérales contre les produits
agricoles de la Guienne qui lui manquent, et tout ce
que Bordeaux peut lui fournir de denrées dont il est
l'entrepôt, et que la population y sera principalement
attirée par ses rapports avec l'ouest de la France, tandis
que le Lot peut y trouver, pour ses habitants et ses
produits, la meilleure communication avec toutes les
parties du royaume, à l'exception du Limousin, si
toutefois le chemin de fer proposé n'incline pas trop au
nord.

Supposons que le spéculateur contemple avec com-
plaisance la vallée du Lot et d'Aiguillon jusqu'à Villeneuve; le niveau parfait de cette plaine le séduira. Mais
où s'arrêtera-t-il? Se bornera-t-il à concevoir et à exécuter un chemin de fer pour une ville à qui il en coûterait beaucoup plus pour aller à Agen par cette voie,
qu'en traversant le groupe de collines qui l'en sépare,
trajet qu'on peut faire en deux heures et demie? Il faut
donc qu'il remonte dans la vallée du Lot? Évidemment
il ne pourra pas s'arrêter au pied du coteau de Fumel. Il
faut donc remonter encore vers les collines vinicoles du
Lot, et si l'on est entravé par leurs rudes promontoires,
se demander s'il n'est pas d'autres voies plus courtes
pour aboutir à Cahors sans ponts de rivière et sans
autres travaux d'art importants, qu'un seul tunnel; et
s'il n'y a pas, en tout cas, de transaction possible
entre les obstacles d'une direction et les facilités de

l'autre. Comment sera-t-on conduit à arriver à Cahors
si, aux intérêts de ce chef-lieu et des contrées intermédiaires, fertiles ici en vins, là plus spécialement en froments, ne se rattachent pas ceux des régions supérieures , manquant de cette nature de richesses, et en
possédant d'un autre ordre, en quantité suffisante pour
subvenir pendant des siècles à tous les besoins du sud-
ouest de la France, à ceux de notre marine à vapeur, etc.?

Cette considération pourra ne pas déterminer une
compagnie de capitalistes, mais elle devra faire im-
pression sur le gouvernement.

Je ne dirai pas que dès là qu'il y a des chemins de fer
au nord, dans une certaine étendue, le gouvernement
en doit tout autant au midi. Non ; ici l'extrême justice cesserait d'être juste. Nous ne pouvons pas con-
damner le gouvernement à ne pas tenir compte, soit des
obstacles matériels, soit de la pauvreté du territoire à
traverser. Mais si ces obstacles ne sont pas sérieux, si
la pauvreté du territoire n'existe pas, si des populations
nombreuses ne demandent qu'à prendre leur part dans
ce grand mouvement des hommes et des choses, qui
doit ranimer partout l'industrie, le commerce et accélérer
la marche de la civilisation ; le gouvernement manque-
rait à sa mission en tenant les populations de ces contrées
à l'écart de ce progrès. Il leur en doit leur part unique-
ment parce qu'il contracte envers toutes les portions du
royaume l'obligation d'y faire progresser le bien-être
matériel et moral.

Il est beau de chercher à rattacher le plus intimement possible toutes les contrées de la France à la capitale ou siégent les grands pouvoirs de l'état ; mais

il est digne aussi du gouvernement de rattacher aux capitales de second ordre, centre naturel du commerce et de la sociabilité de nos vieilles provinces, les départements qui, sous ce rapport du moins, gravitent encore dans leur orbite.

Ce serait un grand malheur si Paris arrivait jamais à absorber la vie des départements dans la sienne : en croyant fortifier la France on l'aurait affaiblie pour des siècles. Non-seulement laissons chaque province vivre de sa vie sociale et s'unir par des liens plus étroits au vieux foyers qui rayonnent sur elle, en quelque sorte à son horizon; mais réduisons, par des rails et la vapeur, la distance qui les sépare, alors surtout qu'ils abrégent d'autant la route qui les conduit à la grande capitale.

Sous ce double rapport, le gouvernement est intéressé à prendre à son compte l'exécution du chemin de fer, dans le cas où des compagnies financières hésiteraient à se charger de cette tâche.

Une compagnie financière a pour mission de donner les plus gros dividendes possibles à ses actionnaires ; elle serait excusable de ne pas vouloir faire un appel aux capitaux sur de simples éventualités, à moins qu'elle n'eût d'autre but que de dresser à la Bourse une nouvelle table de jeu. Le gouvernement, je le répète, a une mission plus noble à accomplir.

Il est bon sans doute de lui rappeler, d'après les statistiques émanées de lui, quel mouvement s'opère entre les marchandises et les voyageurs respectifs de deux pays qu'il s'agit de lier par une ligne de fer ; mais c'est surtout en vue de l'avenir qu'il doit opérer.

A l'État seul on peut dire : « Ce pays, qui par les

multiples impôts qui pèsent sur lui, concourt à former la richesse publique, n'en porte si lourdement le faix que parce qu'il manque des moyens de faire circuler rapidement la sienne. Il hésite à développer son génie industriel, parce qu'enchaîné à sa glèbe de tous les jours, il n'a pas de temps à perdre dans les voyages qui lui offriraient des modèles d'industrie agricole, manufacturière, commerciale, à imiter. Ses préjugés vous offusquent? daignez aplanir les barrières qui séparent son éducation de celle de ses concitoyens, ses faibles lumières de celles des régions éclairées. A quoi bon multiplier partout des Parisiens de passage? Toutes les contrées sont bonnes à former des citoyens dévoués à nos institutions; rapprochez pour eux les distances, abrégez le temps, et ils iront d'eux-mêmes, emportés par des locomotives, partout où ils trouveront une idée nouvelle à adopter, un perfectionnement social à conquérir, un élément de richesse locale à transplanter sur leur propre territoire. »

L'argent que le gouvernement emploiera à cette glorieuse entreprise ne sera point perdu.

Dans les intérêts qu'elle lui rapportera, l'État devra comprendre, ce qu'une compagnie ne peut pas faire, la somme des impôts de consommation ou contractuels qu'il percevra de plus lorsque des lignes de fer auront multiplié les transactions commerciales d'une ville à l'autre, et livré à une circulation plus active les denrées sur lesquelles le fisc a des taxes à prélever. La valeur des terres s'accroîtra par la facilité d'écoulement de leurs produits, et l'impôt foncier lui-même s'en ressentira. Tous ces avantages se traduisent en écus dans les caisses publiques.

9

Adressons-nous donc avec confiance au gouvernement ; montrons-lui que la ligne de Rodez à la Garonne par Cahors offrira immédiatement une somme de
revenus assez considérable pour le déterminer à l'entreprendre, et qui ne peut que s'accroître d'année en année
par les progrès de la prospérité publique dans les contrées qu'elle doit parcourir.

Si ses ingénieurs consentent à écarter tout caractère
monumental des travaux d'art qu'elle exigera, s'ils
choisissent le tracé où ils doivent être les plus rares et
les moins dispendieux, ils auront réduit au silence les
objections les plus sérieuses.

La réduction des courbes à un rayon de 500 m. qu'on
pourrait porter à 300 aux abords des stations, et la to-
lérance des pentes à 5 et jusqu'à 6 millimètres, détruira
sur notre ligne les principales difficultés des terrassements.

Quant à celles inhérentes à la nature du sol, elles se
résolvent en un surcroît de dépense; mais ici, qu'on
nous permette de faire remarquer que le gouvernement
a sous la main une masse de terrassiers enrégimentés
et payés par lui, pour passer leurs jours dans l'oisiveté des
garnisons tempérée par quelques heures d'exercices et
de marches; cette population se renouvelle tous les ans
par septième, parmi les classes laborieuses de la société :
d'où vient le préjugé qui la parque en dehors d'un
courant de travaux utiles au progrès de la richesse publique ? Ne serait-ce pas un vieux reste des idées antérieures à 1789, qui considéraient la noblesse comme
attachée au repos en temps de paix, et ne connaissaient
d'autre travail honorable que celui de faire feu à com-

mandement ? Il serait temps, ce me semble, à une
époque où l'on tient tant à n'admettre entre les nations
que des rivalités pacifiques, d'employer quelques milliers
de bras à nous assurer sur notre sol des conquêtes
d'autant plus glorieuses quelles ne coûteront point de
larmes à l'humanité.

La vocation de l'armée, dans le système de la paix,
doit être d'honorer les grands travaux d'utilité publique
en y prenant part, de conquérir notre sol à l'industrie
en l'aplanissant pour le service de la vapeur. Ce serait
une belle campagne que celle d'un régiment qui aurait
la mission d'ouvrir une voie de fer à travers la contrée où il végète ; il pourrait l'inscrire avec orgueil
sur son drapeau à plus juste titre que les soldats de
Louis XIV le château de Versailles ou l'acqueduc de
Maintenon.

Avec la légère indemnité donnée au soldat, qui, travaillant davantage, a le droit d'être mieux nourri, l'on
obtiendrait des résultats qui réduiraient au tiers la
main-d'œuvre des terrassements.

Je ne revendique pas l'initiative de ces idées. Je les
adopte en les résumant d'un article dicté par une
haute raison, et d'excellents exemples, à mon honorable
beau-frère M. Saulnier, pour la *Revue Britannique*.
Ce n'est point ici le lieu de les développer ; je me borne
à les recommander aux conseils généraux des départements intéressés à notre ligne.

Nous nous plaignons que les occupations rurales
soient désertées pour celles des manufactures ou pour
d'autre travaux ; nous désirons en même temps l'exécution des grandes entreprises de routes, de canalisation,

de chemins de fer. Il existe un agent du travail national à la portée de chaque ville de garnison, c'est le soldat.

En résumé :

L'embranchement de Rodez à la Garonne par Cahors est une œuvre d'utilité nationale et le complément nécessaire du chemin de fer de Bordeaux à Cette.

Son exécution doit offrir aux concessionnaires un bénéfice suffisant pour les encourager à l'entreprendre.

Dans tous les cas, l'État gagnera à ces travaux en les exécutant un surcroît de revenus publics qui en feront une dépense éminemment productive.

A tous ces titres, nous supplions messieurs les membres des conseils généraux des départements que notre ligne doit parcourir d'appuyer sa création de toute l'autorité de leurs vœux et de voter des fonds pour son étude topographique et statistique. Nous supplions le gouvernement de l'adopter, afin de la soumettre à la discussion des deux Chambres en même temps que le projet du chemin de fer de Bordeaux à la Méditerranée.

J. M. BERTON AÎNÉ.

Paris, ce 18 août 1845.

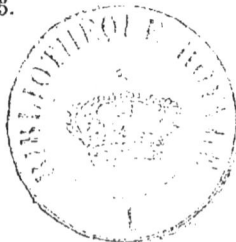

Imprimerie de Vᵉ DONDEY-DUPRÉ, rue Saint-Louis, 46, au Marais.

Carte du Parcours du
E FER DE RODÈZ À LA GARONNE ;
PAR CAHORS.

d'après la Carte de Cassini.

NORD.

GOURDON

CAHORS

VILLEFRANCHE

RODEZ

EST.

MONTAUBAN

MIDI

ALBY

BORDEAUX

A

Carte du P

CHEMIN DE FER DE RODÉZ

PAR CAHO

d'Après la Carte de

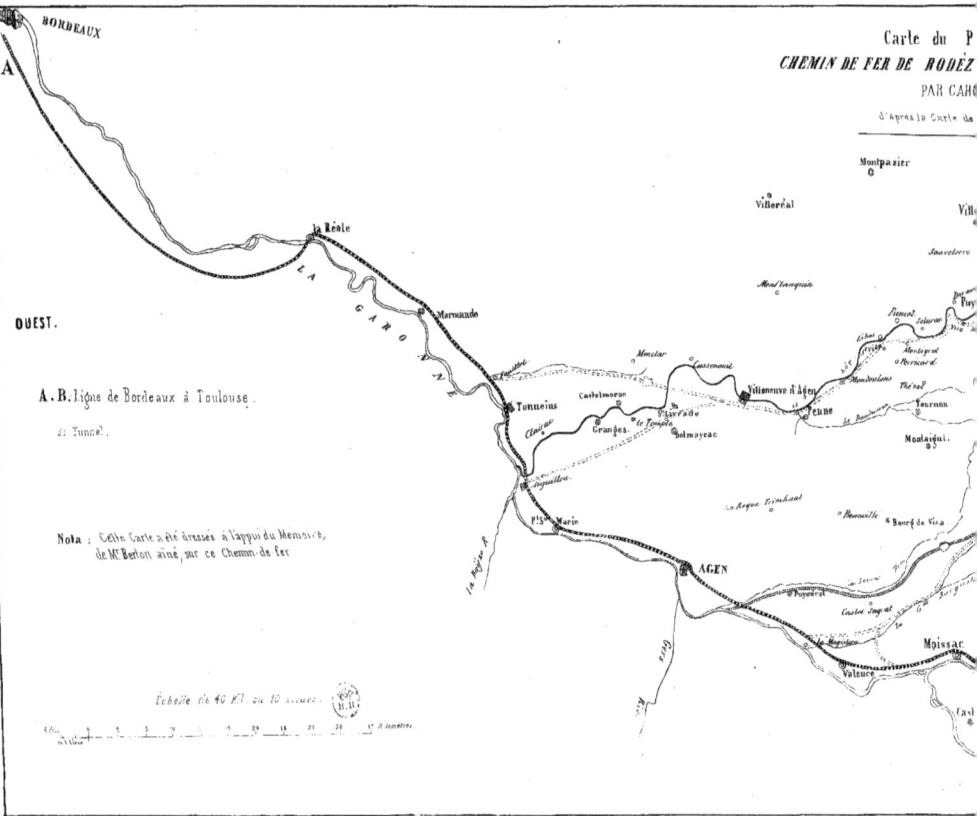

OUEST.

la Réole

LA GARO

Marmande

Montpazier

Villeréal

Vill

Souveterre

A.B. ligne de Bordeaux à Toulouse.

di Tunnel.

Monclar

Tonneins

Castelmoron

Clairac

Granges

le Temple

Holmayrac

Casseneuil

Villeneuve d'Agen

Feune

Montaigui

Nota : Cette Carte a été dressée à l'appui du Mémoire, de Mr Berton ainé, sur ce Chemin-de-fer

Aiguillon

P.tSte Marie

La Roque Timband

Prauville

Bourg de Visa

AGEN

Puymirol

Moissac

Valence

Échelle de 40 K.I. ou 10 lieues.

Lith. J. Rigo et Cie.

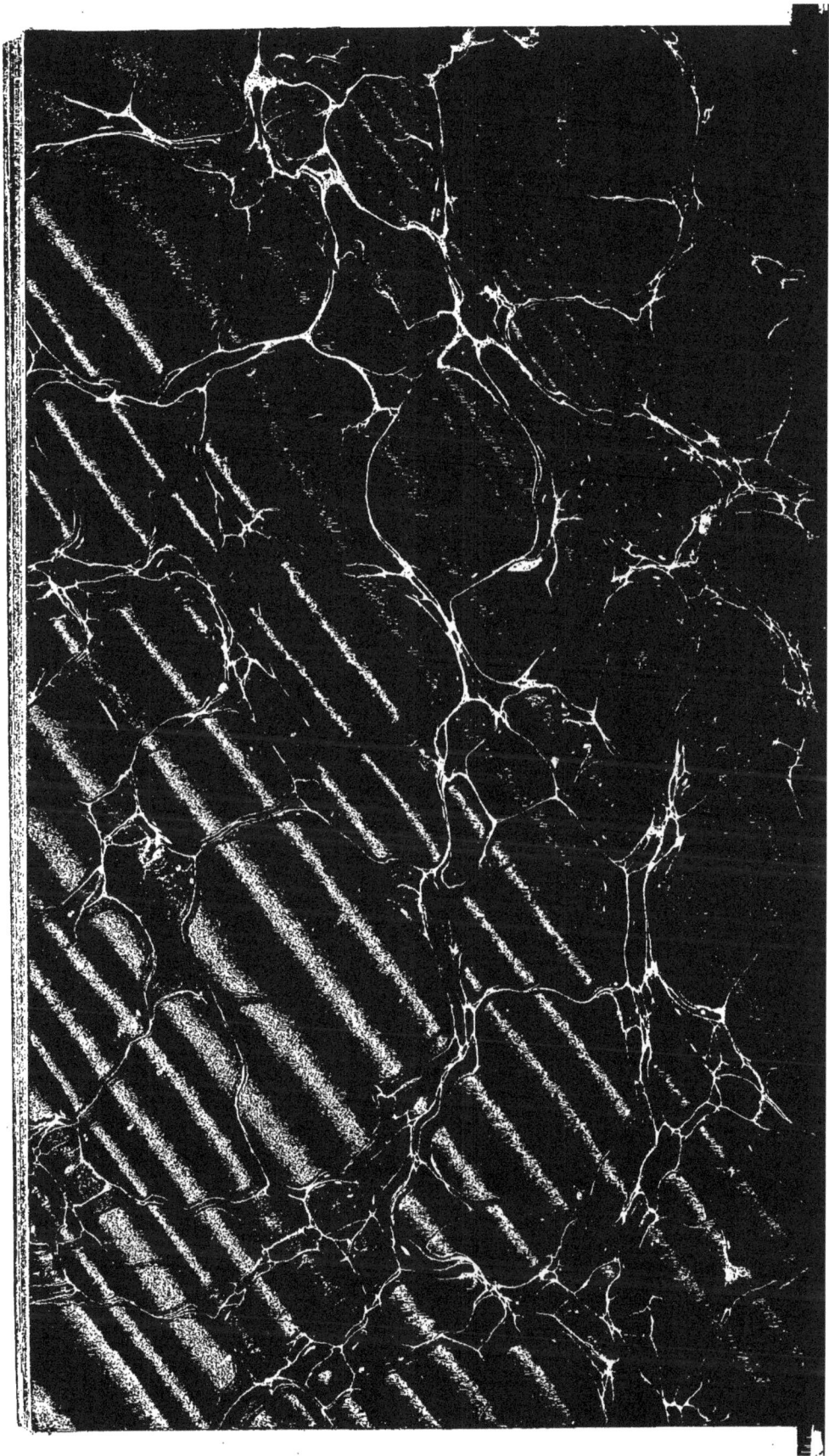

www.ingramcontent.com/pod-product-compliance
Lightning Source LLC
Chambersburg PA
CBHW071908200326
41519CB00016B/4530